比youtube更有趣的
兒童科學實驗遊戲

유튜브보다 더 재미있는 과학 시리즈03 : 어린이 과학 실험

作者 **沈峻俌** 심준보 · **韓到潤** 한도윤　　譯者 **賴毓棻**
金善王 김선왕 · **閔弘基** 민홍기

 **前言**

家裡處處都是偉大的科學

　　你們知道，其實在每天生活著的家裡，處處都在進行著科學實驗嗎？各位常見的冰箱、汽車、吸管、氣球等各式各樣的物品中，都隱藏著偉大的科學原理。只要稍微去了解我們在吃喝玩樂，甚至睡覺時的所有一切，就會發現這些科學現象真是令人感到無比驚奇。

　　請從本書中學習隱藏在生活中的科學原理。透過有趣的遊戲，自己親自動手做實驗並親眼確認結果，就能更容易理解，記憶也會更加長久。

　　在《比youtube更有趣的兒童科學實驗遊戲》中將介紹用水和磁鐵製作指北針、自動充氣的氣球、製作空氣大砲等50種可以在家中進行的有趣科學實驗。這些都是與我們生活息息相關、簡單又有趣的實驗，甚至會讓人不免驚呼「這些也是科學嗎？」即使是在房間、客廳、陽台、浴室等非實驗室的地方也能進行科學實驗。現在就別再苦讀課本了，讓我們一起享受這些有趣的遊戲吧！

　　本書出現的科學實驗也有拍成Youtube影片，讓人可以更加輕鬆有趣的學習。像是製作有如魔法般神奇的彈力球、用吸管製作專屬樂器、製作以空氣力量噴出的噴泉等遊戲都十分有趣，但同時也是百分之百基於科學原理而創造的實驗。如果覺得這些實驗步驟太難又無法理解，那也可以舒服坐在沙發上看Youtube，了解一下該如何進行實驗，還會出現什麼樣的結果。

本書介紹的科學實驗不需用到昂貴的材料或實驗室。只要有砂糖、寶特瓶、紙杯等日常生活中的素材，就能自由又輕鬆的在任何地方進行實驗。需要的準備材料大多都可在各位的家中或住家附近的超市取得，即使偶爾會需要特別一點的物品，也可以從網路上輕鬆買到。

你現在還覺得科學只局限於課本中，而且是一件枯燥乏味的事情嗎？那就請抱著輕鬆心情翻開這本書看看吧！本書將小學自然科學課本中出現的重要科學原理融入有趣的遊戲中，並以趣味的方式進行說明。好，現在就和老師們一起翻開《比youtube更有趣的兒童科學實驗遊戲》。在玩著有趣科學實驗的過程中，就會不知不覺變成了小小科學家唷！

沈峻俌、韓到潤、金善王、閔弘基

🪐 目錄

PART1
初階科學實驗

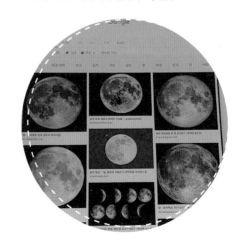

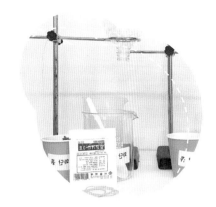

PART 2
進階科學實驗

Youtube頻道
「兒夢師3分鐘國小科學」

　　「兒夢師3分鐘國小科學」是在Youtube開設的國小科學專門頻道。「兒夢師」代表著「獻給兒童夢想的老師」的含意，自2016年起，韓國有60多位現任國小教師為了達成想要獻給學生夢想的目標，一起協力製作與小學科學相關的科學實驗內容。目前已上傳超過600則影片，總點閱率超越400萬人次。

　　書中介紹的科學實驗遊戲，都可透過各項實驗附加的QR碼於《兒夢師3分鐘國小科學》Youtube頻道上收看。

國小學生

・原本覺得科學很難，但多虧了有兒夢師頻道，學習變得很開心。
・可以用更有趣的方式來學習我原本就很喜歡的科學，真的很有幫助。
・科學變有趣了。
・實驗太有趣了。
・我的夢想是成為科學家，這真是太棒了！多虧這本書讓我自然科學分數進步了！

家長

・可以讓孩子輕鬆學科學！
・因為是國小教師想出的實驗，對自然科學教育真的很有幫助。

教師

・我是課後輔導的自然科學老師。課本對應單元的部分真的非常有用。
・在備課上帶來很大的幫助。
・裡面真的有很多學生應該要知道的資訊。

成為小小創客 進度表

STAR

1 2 3 4 5 6 7 8

16 15 14 13 12 11 10 9

17 18 19 20 21 22 23 24 25 26 27 28

29 30

38 37 36 35 34 33 32 31

39 40 41 42 43 44 45 46 47 48 49 50

SCIENCE

本書使用方法

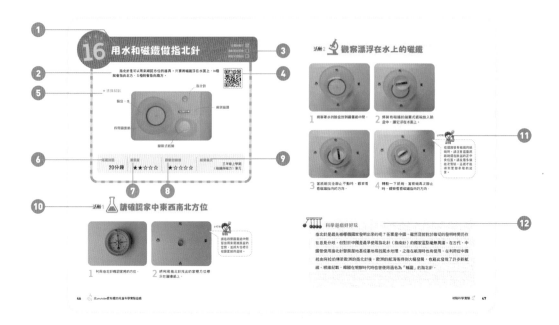

① **實驗名稱**：看標題就能輕鬆有趣的了解活動內容。

② **相關概念**：簡單整理出與實驗相關的概念，讓人可以一目了然。

③ **參與人員**：根據難易度、實驗危險度、實驗內容的不同，標示可獨自進行，或較適合與朋友父母一起進行的內容。

④ **QR碼**：可以使用智慧型手機或平板掃描QR碼，收看相關實驗的影片。

⑤ **準備材料**：以照片呈現實驗中所需的準備材料，以便輕鬆確認。

⑥ **所需時間**：告知實驗時大概會需要花多少時間。

⑦ **難易度**：可透過星星數來得知實驗的困難程度。

⑧ **實驗危險度**：可透過星星數來得知實驗的危險程度。

⑨ **相關單元**：結合108課綱，介紹與小學自然課本上與實驗對應的單元。

⑩ **活動步驟**：透過照片和說明詳細的呈現出實驗進行過程，讓任何人一看就能輕鬆跟上。

⑪ **小叮嚀**：提供實驗中必備的小訣竅，幫助實驗進行得更加順利。

⑫ **科學遊戲好好玩**：與實驗相關的附加科學知識，也能另外進行科學遊戲。

使用危險工具 與實驗的注意事項

請這樣用剪刀

★ 請勿將手放在剪刀的行進方向。

★ 使用剪刀時不要過度用力。

★ 使用剪刀後，請將剪刀合上，避免露出刀刃。

★ 在剪塑膠等堅硬物品時，請戴上防割手套或向身邊的大人尋求協助。

★ 若不小心被剪刀割傷，請在消毒後以乾淨的碎布進行止血。

請這樣用美工刀

★ 請勿將手放在美工刀的行進方向。

★ 使用美工刀時不要過度用力。

★ 若過度用力而造成刀片斷裂時，可能會因此受傷。

★ 使用美工刀時請盡量戴上手套。

★ 若不小心被美工刀割傷，請在消毒後以乾淨的碎布進行止血。

請這樣用火

★ 請務必在父母陪同之下進行實驗。

★ 在拿取燒燙物體時，請戴上工作手套以避免燙傷。

★ 若附近有可燃物品，請先收拾乾淨。

★ 實驗前請先確認好滅火器的位置和使用方法。

★ 實驗前請先確認蠟燭固定的狀態。

★ 實驗後請勿立刻用手觸摸變燙的蠟燭。

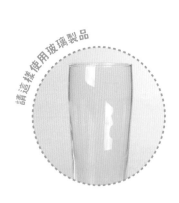

請這樣使用玻璃製品

★ 確認玻璃製的實驗道具是否有裂痕。請勿使用出現裂痕的物品。

★ 沾了水的玻璃製實驗道具會滑，因此請戴上工作手套再觸摸。

★ 使用玻璃棒攪拌時不要敲撞杯子，請用手腕的力量輕輕攪拌。

★ 實驗後請務必清洗乾淨後晾乾。

★ 請勿在玻璃附近玩鬧並小心行動。

★ 若實驗中途停止時，請將玻璃製實驗道具移至安全的地方擺放。

★ 破碎的玻璃請用報紙、氣泡紙等包好後放入垃圾袋丟棄。

請這樣使用化學藥品

★ 接觸到皮膚時可能會引起燒燙傷等皮膚異狀，因此請戴上乳膠手套再觸摸。

★ 若徒手觸摸檸檬酸，可能會造成皮膚損傷。

★ 若手不小心在實驗中碰到化學藥品，請立即用中性肥皂清洗乾淨。

★ 絕對不要放入口中或近距離聞味道。

★ 原則上絕對不要服用化學藥品。

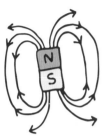

準備
開始實驗吧！

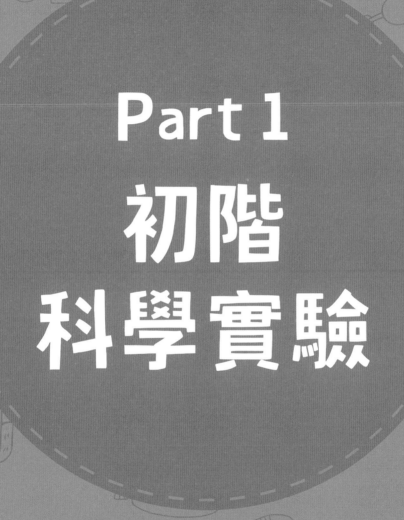

Part 1
初階
科學實驗

01 觀察核桃表面

可獨自進行 ☑
和朋友同樂 ☐
請由父母陪同 ☐

觀察是指注意查看事物或現象的行為。觀察時我們會運用到眼、鼻、口、耳、皮膚等五種感覺器官來進行，若發現很難直接用感覺器官觀察時，就請使用放大鏡和聽診器等道具協助。只是說出自己的想法並不屬於觀察結果喔！

★ 準備材料

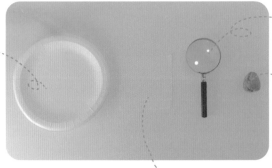

- 放大鏡
- 塑膠免洗盤
- 帶殼核桃
- 藥包紙
  （若沒有可用A4紙張代替）

所需時間	難易度	實驗危險度	相關單元
10分鐘	★☆☆☆☆	★☆☆☆☆	四年級下學期〈認識物質與物質的變化〉單元

活動1 請觀察核桃

1 將藥包紙（A4紙張）放到塑膠免洗盤上。

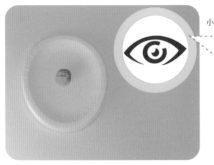

2 將帶殼核桃放到藥包紙上，使用五感來觀察看看。眼睛（視覺：看一看外表是什麼樣子？你看到了什麼？）

小叮嚀

除了核桃之外，也可使用米、豆類、砂糖等任何物品進行觀察，只要不是危險物質就好。

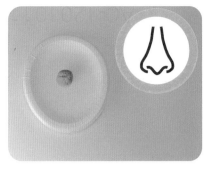

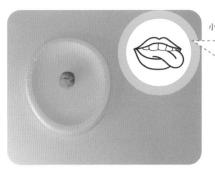

3 鼻子（嗅覺：聞聞看有什麼氣味？）

4 嘴巴（味覺：吃起來是什麼味道？）

小叮嚀

如果是不知道的物質，聞氣味或嚐味道可能會造成危險，因此請勿這麼做。

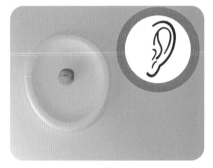

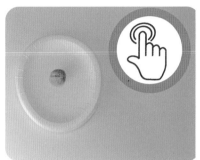

5 耳朵（聽覺：拿起來搖一搖，你聽到了什麼聲音？）

6 皮膚（觸覺：摸起來是什麼感覺？）

活動2 請使用觀察道具進行觀察

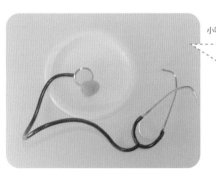

小叮嚀

在使用聽診器時，請勿拿來接觸大聲的地方，也請勿對著聽頭大叫或嬉戲。

1 試著用放大鏡觀察核桃。（看起來更大了）

2 試著用聽診器聽聽看搖動核桃的聲音。（聲音聽起來更大聲了）

✏️ 畫出我觀察到的物質

☆ 找出我觀察到的內容

眼：

鼻：

口：

耳：

皮膚：

 科學遊戲好好玩

請和家人一起進行觀察遊戲。

1. 決定一項要觀察的物質（如蘋果）。

2. 成為科學家，觀察看看。

3. 依次說明自己運用五種感覺器官觀察到的內容。

（紅色、味道吃起來酸酸甜甜的、表面看起來粗糙不平等）

4. 說不出觀察內容的人就被淘汰，能堅持到最後說出觀察內容的人就是最終贏家。

02 測量核桃長度

可獨自進行 ☑
請和朋友同樂 ☑
請由父母陪同 ☐

　　測量是指測量長度、寬度、面積、重量、時間、溫度等分量的行為。測量時，為了能夠精準測量，請使用測量道具。為了得到正確的結果，請反覆測量。

★ 準備材料

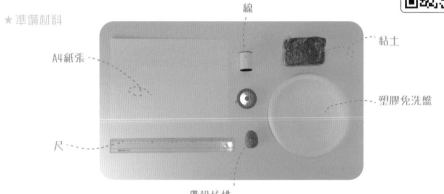

線

黏土

A4紙張

塑膠免洗盤

尺

帶殼核桃

所需時間	難易度	實驗危險度	相關單元
10分鐘	★★☆☆☆	★☆☆☆☆	四年級下學期〈認識物質與物質的變化〉單元

活動1 請量量看核桃的長度

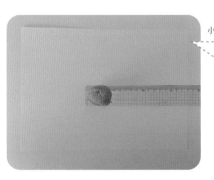

小叮嚀

只要將核桃其中一端對齊尺刻度「0」的地方就能輕鬆測量。

1　將核桃放到A4紙張上，推測核桃的長度。

2　將核桃放到尺上，測量一下核桃的長度。

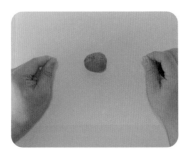 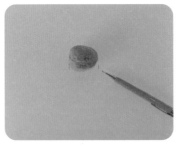 

3 用線和尺測量看看核桃的長度（用線標記出核桃的長度，並用尺量一下線的長度。）

4 用紙張和尺測量看看核桃的長度（用鉛筆在紙上標記出核桃的長度，並用尺量一下標記的部分。）

5 用黏土和尺測量看看核桃的長度（將核桃用力壓入黏土中，並用尺量一下標記的部分。）

活動2 比較看看測量到的長度

● **推測的長度**:（　　　　　）

● **測量到的長度**

方式	第一次	第二次	方式	第一次	第二次
用尺測量到的長度			用尺和紙張測量到的長度		
用尺和線測量到的長度			用尺和黏土測量到長度		

 科學遊戲好好玩

請和朋友一起進行「猜猜看有多長」的遊戲。

1. 決定好一個測量對象。

2. 和朋友一起在紙上寫下彼此預測的長度。

3. 使用測量工具，用各種方法量看看測量對象的長度。

4. 預測長度和測量長度差距最小的人就贏了。

03 搖搖罐

可獨自進行 ☑
請和朋友同樂 ☐
請由父母陪同 ☑

預測是指思考並說出未來可能會發生的事情。若從相似的實驗結果或觀察內容為基礎尋找規則，就能更輕鬆進行預測。

★準備材料

花生 …… 紅豆

米 …… 湯匙

杏仁果 …… 有蓋的透明塑膠罐

所需時間	難易度	實驗危險度	相關單元
10分鐘	★★☆☆☆	★★☆☆☆	四年級下學期〈認識物質與物質的變化〉單元

活動1 將大小不同的粒狀物放入罐子

1 將5匙米和2匙花生放入塑膠罐中搖晃至混合均勻。讓罐子平躺後再搖一搖，就能混合得更加均勻。

2 將塑膠罐立起，左右搖晃大約10下，觀察看看罐子裡面會發生什麼變化。

3 將5匙米和2匙杏仁果放入塑膠罐中搖晃至混合均勻。

4 將塑膠罐立起並左右搖晃大約10下,觀察看看罐子裡面會發生什麼變化。

活動2 請預測看看接下來會發生的事情

1 以前面的實驗結果作為基礎,試著預測看看將米和紅豆混在一起時會發生的變化。

2 會變成怎麼樣呢?

科學遊戲好好玩

將米、花生、杏仁果和紅豆全都混在一起搖一搖會怎麼樣?請先試著預測看看會變成怎麼樣再來進行實驗。這項實驗被稱為「巴西堅果效應」,是從運送綜合堅果罐的過程中,發現顆粒最大的巴西堅果竟然在最上面的現象而來。將大小不同的固體混合後搖晃,中間部分會往上跑,邊緣部分則會往下,這時大的顆粒雖然往上跑了,但無法再次從邊緣下來,所以才會造成大顆粒留在上方。

04 神祕箱猜猜看

可獨自進行 ☐
請和朋友同樂 ☑
請由父母陪同 ☑

物體是指具有具體型態、我們能夠看見並摸到的東西。就算不用親眼看見，也能靠著聞氣味、搖動聽聲音或用手觸摸來猜出是什麼物體。

★ 準備材料

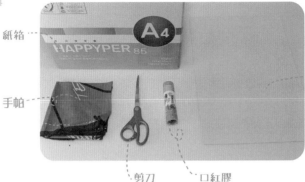

紙箱

手帕

剪刀　口紅膠

彩色紙張

所需時間	難易度	實驗危險度	相關單元
30分鐘	★★☆☆☆	★★★☆☆	四年級下學期〈認識物質與物質的變化〉單元

活動1 製作神祕箱

1 在箱子頂端開一個可以讓手伸進去的洞口。使用剪刀剪紙時請注意不要受傷了。

2 在箱子側面開一個四方形的大洞，讓其他人可以看見神祕箱裡擺的物品。

3 用彩色紙張裝飾神祕箱。請用膠帶將手要伸入的洞口邊緣貼一圈，以避免手被刮傷。

活動 2 **請猜猜看神祕箱裡裝了什麼東西**

1 用手帕將要猜謎的朋友眼睛綁住，其他人將物品放入神祕箱中。

小叮嚀

請勿在神祕箱內裝入尖銳或危險的物品。

2 聞一聞箱子裡的味道或搖晃看看，把手伸進去摸一摸，再猜猜看神祕箱裡裝了什麼物體。說出猜測的物體名稱，並說出理由。

3 拆下手帕，看看是否猜中正確的物體名稱。

 科學遊戲好好玩

請和朋友一起進行「猜猜神祕箱內有什麼」的遊戲。

1. 每個人各自準備5種要放入神祕箱內的物品。

2. 用手帕將對方眼睛綁住，並將5種物品全部放入神祕箱內。

3. 將手放入神祕箱內摸摸看那5種物品，並測量猜中所有物品所花費的時間。

4. 最快猜出5種物品的人就贏了。

05 物質大不同

可獨自進行 ☑
請和朋友同樂 ☐
請由父母陪同 ☑

金屬又硬又重，不會浮在水面上；塑膠輕而結實，會浮在水面上，而且還有各種不同的造型和顏色；木頭比金屬輕，比橡膠堅硬，而且會浮在水面上；橡膠很容易就能彎曲，延展性又很好，但不會浮在水面上。

★準備材料

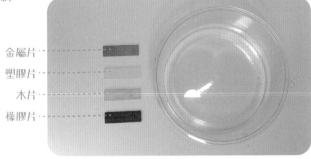

金屬片……
塑膠片……
木片……
橡膠片……

……裝水的水缸

所需時間	難易度	實驗危險度	相關單元
20分鐘	★★☆☆☆	★★★☆☆	四年級下學期〈認識物質與物質的變化〉單元

活動1 🧪 **請找一找用各種不同物質做成的物品**

1 這些是用金屬做成的物品。

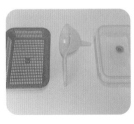

2 這些是用塑膠做成的物品。

3 這些是用木頭做成的物品。

4 這些是用橡膠做成的物品。

1 用眼睛看、用手觸摸物質，認識
這些物質的特性。

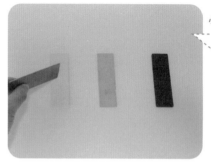

小叮嚀

用金屬片或木片刮刮
看時，請小心不要讓
手受傷。

2 將它們彼此互刮看看，找出最堅
硬的物質。硬度可以說明一個物
質的堅硬程度，硬度越高的物質
就越不容易被刮壞。

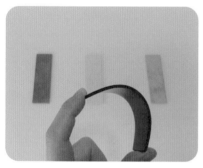

3 試著折一下，看看彎曲程度如
何。橡膠很容易就可以折彎，但
其他物質不容易彎曲。

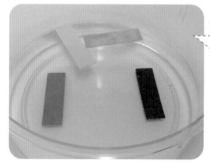

小叮嚀

浮力是指水在水中將
物體往上推的力量，
密度則是指在一定面
積內密密麻麻的堆滿
某樣東西的程度。浮
力越大、密度越低的
物質就越容易浮在水
面上。

4 放入水中，看看哪些物質會浮起
來，哪些物質會沉下去。塑膠和
木頭會浮在水面上，金屬和橡膠
會沉入水中。

 科學遊戲好好玩

木片和塑膠片雖然會浮在水面上，但金屬片卻會沉入水裡。那麼用金屬造的船又是如何浮
在水面上呢？這是因為用金屬造的船比水還輕的緣故。雖然金屬本身比水還重，但船內還
有很多空餘的空間，船比相同體積的水還輕，因此才能浮在水面上。

06 用各種材料做汽車

用金屬可以做出堅硬牢固的物品；用塑膠可以做出輕巧牢固的物品，也能做成各種顏色和造型；用橡膠可以做出延展性好、柔軟又能吸收衝擊的物品；用木頭則是能做出輕巧又堅硬的物品。

★ 準備材料

鉛筆

美工刀

塑膠罐　　　　　橡膠手套

所需時間	難易度	實驗危險度	相關單元
20分鐘	★★☆☆☆	★☆☆☆☆	四年級下學期〈認識物質與物質的變化〉單元

活動1 請找出利用物質特性做出的物品

1 金屬－美工刀：因為是用金屬製成的，非常堅硬，可以輕易裁切多種物品。

2 塑膠－塑膠罐：用塑膠做成的透明塑膠罐可以輕易的看見內部，而且輕巧又不容易破裂。

3 木頭－鉛筆：因為是用木頭製成的，所以很輕。由於比金屬還要更為鬆軟，所以能用削鉛筆機來削尖使用。

4 橡膠－橡膠手套：不會被水浸溼，延展性又好，使用起來非常方便。

汽車骨架
為了安全,所以使用金屬做得十分堅固。

汽車玻璃車窗
為了看清楚前方,所以使用玻璃製成。

汽車輪胎
為了吸收衝擊,所以使用橡膠製成。

汽車內裝
為了減輕汽車的重量,所以使用塑膠製成。

✏️ **畫出自己想做出的汽車,並寫出各部位分別用了什麼物質及使用那些物質的優點。**

07 不同材質優點比比看

可獨自進行 ☑
請和朋友同樂 ☐
請由父母陪同 ☑

即使是相同的物體，如果使用不同的材質製成，就會有不同的優點，因此可以依據情況使用。

★ 準備材料

玻璃杯

金屬杯

塑膠杯

陶杯

紙杯

所需時間	難易度	實驗危險度	相關單元
20分鐘	★☆☆☆☆	★★☆☆☆	四年級下學期〈認識物質與物質的變化〉單元

活動1 請找出不同物質的杯子各自的優點

1 金屬杯：非常堅硬牢固，所以不太會打破，可以用很久。

2 塑膠杯：輕巧又牢固，可以做成各種顏色和造型。

3 玻璃杯：因為是透明的，所以可以輕易確認內容物為何，而且還很美觀。

小叮嚀

找找看家裡用的碗是用什麼物質製成的，有什麼優點呢？

4 陶杯：可以將內容物保溫較長時間。

5 紙杯：非常輕便，使用後的收拾工作非常簡單。

活動2 認識不同物質的手套各有什麼優點

1 塑膠手套：又薄又透明，水不會滲進來。

2 橡膠手套：延展性很好，而且還能防滑。

3 棉布手套：非常柔軟又很溫暖。

4 皮手套：非常柔韌。

小叮嚀

如果先親自試戴看看手套再思考優點，可能很容易就能理解。

 科學遊戲好好玩

火災發生時，最先衝到現場的消防員叔叔會戴什麼材質製成的手套呢？他們會戴上使用名為芳香聚醯胺纖維這種特殊材質製成的手套。只要戴上這種手套，即使在超過300℃的高溫下也不會著火，可以進行滅火。

08 神奇的彈力球

可獨自進行 ☐
請和朋友同樂 ☐
請由父母陪同 ☑

只要將水和硼砂粉、聚乙烯醇粉末調合，就能做出特性完全不同的彈力球。雖然有些物質在和其他物質混在一起時不會改變特性，但也有些物質在與不同物質混合時，特性會變得和原本完全不同。

★ 準備材料

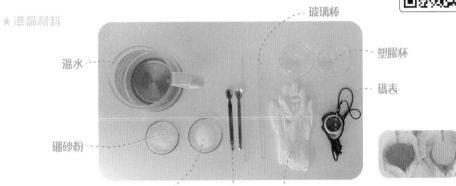

- 溫水
- 硼砂粉
- 聚乙烯醇粉末（PVA粉）
- 玻璃棒
- 塑膠杯
- 碼表
- 藥匙（茶匙）
- 實驗用手套（拋棄式手套）

所需時間	難易度	實驗危險度	相關單元
30分鐘	★★★★★	★★★★★	四年級下學期〈認識物質與物質的變化〉單元

活動 1 請觀察一下物質

1　觀察一下硼砂粉和聚乙烯醇粉末。

2　使用放大鏡仔細觀察一下這些粉末的顏色、大小、形狀等。

3　戴上實驗用手套，感覺一下觸感。用徒手觸摸硼砂粉和聚乙烯醇粉末非常危險，因此請注意絕對不要放入口中食用或聞味道。

活動2 一起來做彈力球

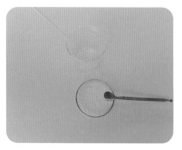

1 將2匙硼砂加入溫水中，接著用玻璃棒攪拌一下，這時可以看到杯子裡的水變成模糊不清的樣子。

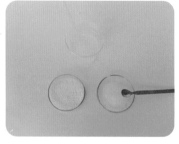

2 加入5匙的聚乙烯醇粉末，並用玻璃棒攪拌均勻。現在好像開始產生一些東西了。

小叮嚀

硼砂粉和聚乙烯醇粉末的比例為2:5，如果再加入更多分量，就能做出更大顆的彈力球。

3 觀察一下塑膠杯中物質的變化。

小叮嚀

在水分乾燥之前丟到地上彈跳或浸泡在水中太久才拿出來，都可能會造成彈力球碎裂。

4 過了2分30秒後，將杯子裡的物質拿出來。

5 用手將拿出來的物質滾成圓球狀，做成彈力球。

6 彈力球完成了。

● **在家裡做出自己的彈力球吧！**

☆ 在家裡也可以使用紙杯、拋棄式手套和茶匙來代替塑膠杯、實驗用手套和藥匙來進行實驗。

☆ 若加入食用色素，就能做出五彩繽紛的專屬彈跳球了。

09 從神祕蛋誕生的動物

可獨自進行 ☑
請和朋友同樂 ☑
請由父母陪同 ☐

動物以卵或胎兒的形式出生長大後留下子孫，再到最後死亡的這段過程就稱為動物的一生。

★ 準備材料

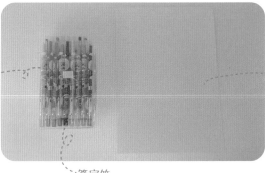

彩色鉛筆 ---- ---- A4紙張

簽字筆

所需時間	難易度	實驗危險度	相關單元
30分鐘	★★☆☆☆	★☆☆☆☆	三年級下學期〈動物大會師〉單元

活動1 請觀察看看下列各種動物的卵

蛇	雞	鮭魚	青蛙

小叮嚀

昆蟲也是動物的一種。動物共分為昆蟲類、鳥類、哺乳類、兩棲類、魚類、爬蟲類等不同類別。

活動2 請想像什麼動物從神祕蛋出生

	出生時的樣子	長大後的樣子
範例		
請動手畫畫看		

小叮嚀

你想像出來的動物長成什麼樣子？請根據特徵試著具體畫出來（有翅膀嗎？有幾條腿？是什麼顏色呢？長大後的樣子和出生時有什麼不同？）

 科學遊戲好好玩

- 雙鬚骨舌魚（俗稱銀龍魚）：雄性將卵放入口中後孵化。

- 田鱉：雌性下蛋後由雄性孵蛋。

- 矛鰡：在河蚌中產卵孵化。

- 海馬：雌性在位於雄性腹部的育兒袋中產卵，雄性在腹中孵化並養到一定程度之後才會生出小海馬。

- 鴯鶓：身為大型鳥類的鴯鶓會在草原上產卵。鴯鶓蛋為呈現深綠色的保護色。

10 雄性與雌性動物

可獨自進行 ☑
請和朋友同樂 ☐
請由父母陪同 ☑

有像獅子、鹿、鍬形蟲、螃蟹等光從長相就能分出雌雄的動物，也有像兔子、企鵝、喜鵲、蝴蝶等難以從外型辨別雌雄的動物。雌性和雄性動物所扮演的角色也會根據物種而有所不同。

★ 準備材料

動物圖鑑 ⋯⋯⋯⋯⋯⋯⋯⋯⋯⋯⋯⋯⋯⋯ 智慧型手機或平板

所需時間	難易度	實驗危險度	相關單元
30分鐘	★★★☆☆	★☆☆☆☆	三年級下學期〈動物大會師〉單元

活動 請找出雌性和雄性長相不同的動物

動物分類	獅子	鹿	鍬形蟲	雉
雌性				
雄性				

活動2 **請找出雌性和雄性長相相似的動物**

兔子	企鵝	喜鵲	蝴蝶

活動3 **雌性和雄性照顧卵或幼崽時的分工**

黃鸝 	田鱉 
由雌性和雄性一起照顧的動物	由雄性照顧的動物
牛 	青蛙 
由雌性照顧的動物	雌性和雄性都不照顧的動物

 科學遊戲好好玩

平頷鱲（俗稱溪哥仔）到了交配期時，雄性平頷鱲腹部和鰭的顏色就會變得很華麗，這種顏色就叫做婚姻色。雖然呈現出婚姻色的雄魚和雌魚一眼就能辨別，但只要交配期一過，婚姻色就會消失，雌雄也會變得難以分辨。

11 變態昆蟲的一生

可獨自進行 ☑
請和朋友同樂 ☐
請由父母陪同 ☑

變態指的是昆蟲在成長過程中改變外型或狀態的現象。根據昆蟲的不同，有的會完全變態，有的則是不完全變態。

★ 準備材料

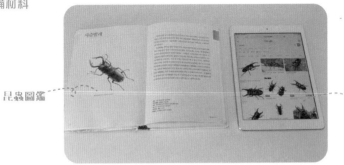

昆蟲圖鑑 ⋯⋯⋯⋯⋯⋯⋯⋯⋯⋯⋯⋯⋯⋯⋯⋯⋯⋯ 智慧型手機或平板

所需時間	難易度	實驗危險度	相關單元
40分鐘	★★★★☆	★☆☆☆☆	三年級下學期〈動物大會師〉單元

活動1 完全變態昆蟲的一生

● 完全變態是指昆蟲在一生中會經歷到化蛹的階段。
完全變態昆蟲的一生會經歷「卵－幼蟲－蛹－成蟲」的過程。

分類	卵	幼蟲	蛹	成蟲
蝴蝶				

✏️ 請找出完全變態昆蟲，並試著畫出牠的一生

小叮嚀

請比較看看幼蟲和成蟲的外型。
神奇的是牠們非常不同對吧？完全變態昆蟲
的幼蟲和成蟲外型可說是截然不同。

完全變態的昆蟲

瓢蟲	獨角仙	蜜蜂

活動2 🔬 不完全變態昆蟲的一生

● 不完全變態是指昆蟲在一生中不會經歷到化蛹的階段。
　不完全變態昆蟲的一生會經歷「卵－幼蟲－成蟲」的過程。

	卵	幼蟲	成蟲
蟬			

✏️ 請找出不完全變態昆蟲，並試著畫出牠的一生

小叮嚀

不完全變態昆蟲的幼蟲又叫做「若蟲」。
不完全變態的幼蟲和成蟲外型可說是非常相似。

不完全變態的昆蟲

| 蜻蜓 | 螳螂 | 蚱蜢 |

 科學遊戲好好玩

請試著用獨角仙來觀察昆蟲的一生。

獨角仙是一種力量非常大的昆蟲，可以舉起大約體重50倍的重量。獨角仙即使在家中也能輕鬆飼養，只要觀察一年左右，就能從卵觀察到成蟲等整個過程，因此非常適合用來觀察昆蟲的一生。幼蟲時期只要有木屑和泥土就可以，所以不需要太多的準備物品。變成成蟲的獨角仙是夜行性昆蟲，幼蟲也不喜歡陽光，因此必須將飼育箱放置於陰涼或黑暗處飼養。

12 動物神奇的一生

了解卵生動物和胎生動物之間的差異。

★ 準備材料

動物圖鑑 ⋯⋯ 智慧型手機或平板

所需時間	難易度	實驗危險度	相關單元
30分鐘	★★★☆☆	★☆☆☆☆	三年級下學期〈動物大會師〉單元

活動1 卵生動物的一生

● 卵生動物有雞、青蛙、鴕鳥、鴨、烏龜、鮭魚、蛇等動物。
根據動物不同，牠們產卵的地點、數量和卵的大小也會有所不同。

小叮嚀

卵

青蛙的卵圓圓的，外面包著一層有點像是透明果凍般的物質。青蛙一次可以產下幾百顆到幾千顆卵。

可以在無水的水田或水坑中找到青蛙卵。如果看到的是在果凍狀物質內包著一顆小黑卵，那就是青蛙的卵。如果看到的是在細長形果凍狀物質中包著好幾顆小黑卵，那就是蟾蜍的卵。如果看到的是在粗短形的果凍狀物質中包著好幾顆小黑卵，那就是小鯢的卵。

蝌蚪

蝌蚪有著圓圓的頭部，上面還有眼睛和嘴巴。牠的腹部是透明的，所以看得見內臟。蝌蚪會利用尾巴行動，之後會先長出後腿再長出前腿。

 小叮嚀

孵化15天後會長出後腿，25天後又會再長出前腿。

青蛙

會透過長長的舌頭來捕食昆蟲。眼睛有點凸出，因為主要是靠皮膚呼吸，所以皮膚總是非常溼潤。青蛙的後腳指間有長蹼。

 小叮嚀

孵化55天後尾巴會開始變短，腿部開始變長，最後變成青蛙的樣子。

 活動2 # 胎生動物的一生

● 胎生動物有狗、牛、兔子、老虎、大象等動物。根據動物不同，懷孕期間與一次產下的寶寶數量也會有所差異。寶寶和父母的外型相似，靠著餵奶來養育孩子。成年後的雌性和雄性動物會進行交配，並由雌性動物產下寶寶。

剛誕生的小牛

牛媽媽正在將初生小牛身上的羊水舔乾淨。這時的小牛還沒睜眼，也還不會走路，必須靠著喝媽媽的奶長大。

 小叮嚀

羊水是羊膜（包覆著胎兒的薄膜）中的液體，具有保護胎兒的作用。

大一點的小牛

靠著吃草長大。

 小叮嚀

出生10個月之後就會變成牛。

牛

藉由交配，並由母牛產下寶寶。

 小叮嚀

成年的牛重量大約是450～1000公斤。壽命大約是20年左右，母牛和公牛頭上都有兩隻角。

13 有趣的磁鐵人偶

可獨自進行 ☑
請和朋友同樂 ☐
請由父母陪同 ☑

帶有磁性,可以吸附鐵絲的物體叫做磁鐵。

★準備材料

透明膠帶
活動眼珠
鐵製物品
彩色鉛筆、簽字筆
毛根
色紙
剪刀

所需時間	難易度	實驗危險度	相關單元
30分鐘	★★☆☆☆	★★★★☆	三年級上學期〈磁鐵與磁力〉單元

活動1 製作磁鐵人偶的事前準備

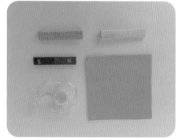

1 尋找用鐵製成的物品。如果能找到鐵製的各種物品(螺絲、迴紋針、麵包綁帶等),就能做出更有趣的磁鐵人偶。

2 用色紙將棒狀磁鐵包覆。若想要保持棒狀磁鐵乾淨,並於未來繼續使用,使用透明膠帶黏貼會較膠水更佳。

3 想想看,你要做出什麼造型的人偶呢?

活動2  開始動手做磁鐵人偶

小叮嚀

在使用剪刀將毛根剪短時請特別注意安全。毛根剪斷的部位非常鋒利，請多加小心。

1 在棒狀磁鐵表面畫上各種不同的表情。不管是直放或橫放，只要畫上自己喜歡的樣子就可以。

2 試著放上鐵製的各種物品來完成有趣的磁鐵人偶。

活動3 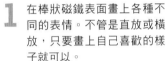 介紹自己製作的磁鐵人偶

● **請向朋友介紹你做了什麼樣的人偶、使用了哪些材料等。**

 科學遊戲好好玩

可以運用磁鐵人偶做出定格動畫。

1. 製作好幾個髮型相同、表情不同（開心、驚嚇、生氣等）的主角磁鐵人偶。

2. 讓主角出場，創作一則短短的小故事。

3. 稍微移動一下磁鐵，拍攝多張照片。

4. 下載手機影片編輯軟體（VivaVideo、KineMaster等）後進行編輯。

14 磁鐵的兩極真有力

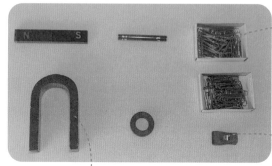

可獨自進行 ☑
請和朋友同樂 ☐
請由父母陪同 ☐

　　磁鐵吸附物體的力量很大，用磁鐵吸附迴紋針時，吸住最多迴紋針的部位就叫做磁鐵的「極」。磁鐵有N極和S極，以棒狀磁鐵來說，兩側末端就是磁鐵的極。

★ 準備材料

大約200根迴紋針

夾子

各種造型的磁鐵

所需時間	難易度	實驗危險度	相關單元
20分鐘	★★☆☆☆	★☆☆☆☆	三年級上學期〈磁鐵與磁力〉單元

活動1 找出棒狀磁鐵能吸附最多迴紋針的地方

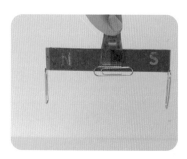

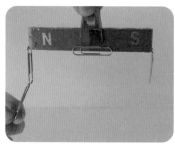

1 在棒狀磁鐵的兩端與中間處，依次吸上一根根的迴紋針。

2 依次往下增加一根迴紋針的數量。

3 找出可以吸附最多根迴紋針的地方。在吸附迴紋針時，必須要慢慢的依次吸上一根，這樣才能進行精準的實驗。

找出可以吸附最多迴紋針的地方

1　將磁鐵放入迴紋針堆，接著慢慢的拿起來。

2　找出棒狀磁鐵可以吸附最多迴紋針的地方。

活動

找各種磁鐵可吸附最多迴紋針的地方

1　請使用圓形磁鐵實驗看看。

2　請使用U形磁鐵實驗看看。

3　請使用圓柱狀磁鐵實驗看看。我們可以發現雖然迴紋針也會吸附在兩極之外的地方，但吸附最多根迴紋針的地方還是磁鐵的兩極。

 科學遊戲好好玩

請和家人一起進行這項磁鐵遊戲。

1. 準備各種不同的磁鐵。

2. 透過猜拳決定順序，各自選出一個自己喜歡的磁鐵。

3. 盡可能在磁鐵上吸住最多根迴紋針。

4. 在各自選出的磁鐵上能吸住最多根迴紋針的人就是贏家。

15 鐵製物體接近磁鐵

可獨自進行 ☐
請和朋友同樂 ☐
請由父母陪同 ☑

磁鐵能吸附鐵製的物體，這股力量就稱為「磁力」。即使遠離物體，磁力也能作用，但離得越遠，磁力也就越弱。磁力可穿透紙張、塑膠、橡膠、塑膠等來吸附物體。

★ 準備材料

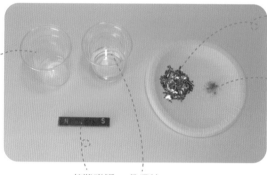

透明罐或透明塑膠杯

剪成塊狀的麵包綁帶（魔帶）

鐵粉

棒狀磁鐵　食用油

所需時間	難易度	實驗危險度	相關單元
20分鐘	★★★☆☆	★★★★☆	三年級上學期〈磁鐵與磁力〉單元

活動1　磁鐵靠近鐵製物品會發生什麼事情？

小叮嚀

將麵包綁帶剪成小塊時請注意安全。

1 將剪成塊狀麵包綁帶放入透明杯子中並倒過來放，接著拿磁鐵靠近看看。

2 將磁鐵從側面移至上方，試著吸吸看麵包綁帶。

小叮嚀

並不是只有鐵製物品會被磁鐵吸引，磁鐵也會被鐵製物品吸住。若將磁鐵靠近像是冰箱這種大型的鐵製物品時，磁鐵就會被冰箱吸住。

3 試著將磁鐵漸漸遠離杯子上方。

4 觀察一下將磁鐵拿得越遠，麵包綁帶會變成什麼狀況？

活動2 將磁鐵靠近鐵粉會發生什麼事情？

1 在透明杯中倒入食用油並放入鐵粉後搖晃均勻。因為食用油帶有黏性，鐵粉會緩慢移動，非常適合用來觀察。

2 將磁鐵靠近透明杯，觀察看看杯子中的鐵粉會發生什麼情況。

3 將磁鐵逐漸遠離透明杯，觀察看看杯子中的鐵粉會發生什麼情況。如果放入太多鐵粉就會難以看到鐵粉的動向，因此請依次添加一些。

 科學遊戲好好玩

如冰箱門、磁性螺絲起子、磁鐵夾等，磁鐵在我們的日常生活中被廣泛的使用。信用卡上面也有磁條。只要在信用卡背面的黑條撒上鐵粉搖晃一下，鐵粉就會排列整齊。若在上面貼上玻璃紙膠帶，然後撕下來貼在白紙上，就能觀察到磁鐵所在的部分。但若使用磁鐵摩擦信用卡背面的黑條再撒上鐵粉，整齊的模樣就會消失。因此若將磁鐵放在信用卡附近，信用卡的資訊就會消失，造成無法使用。

16 用水和磁鐵做指北針

可獨自進行 ☑
請和朋友同樂 ☐
請由父母陪同 ☐

指北針是可以用來辨認方位的器具。只要將磁鐵浮在水面上，N極就會指向北方，S極則會指向南方。

★ 準備材料

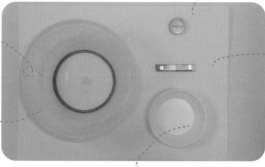

指北針

臉盆、水

棒狀磁鐵

四開圖畫紙

拋棄式紙碗

所需時間	難易度	實驗危險度	相關單元
20分鐘	★★☆☆☆	★☆☆☆☆	三年級上學期〈磁鐵與磁力〉單元

活動1 請確認家中東西南北方位

1 利用指北針確認家裡的方位。

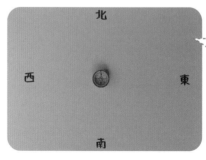

2 將利用指北針找出的家裡方位標示在圖畫紙上。

小叮嚀

請在四開圖畫紙中間留出用來擺放臉盆的空間，並將方位標示在圖畫紙的邊緣。

活動 2 觀察漂浮在水上的磁鐵

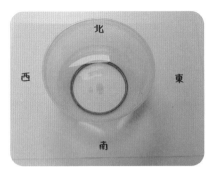

1 將裝著水的臉盆放到圖畫紙中間。

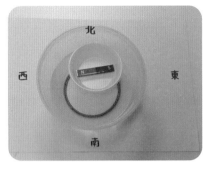

2 將裝有磁鐵的拋棄式紙碗放入臉盆中，讓它浮在水面上。

3 當紙碗完全靜止不動時，觀察看看磁鐵指向的方向。

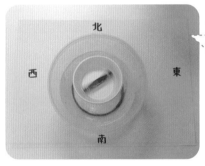

小叮嚀

在擺放裝有磁鐵的紙碗時，請注意盡量將紙碗擺在臉盆的正中央位置。請反覆多做幾次實驗，這樣才能得到更加準確的結果。

4 轉動一下紙碗。當紙碗再次靜止時，觀察看看磁鐵指向的方向。

 科學遊戲好好玩

指北針是最先被哪個國家發明出來的呢？答案是中國。雖然目前對於確切的發明時間仍存在意見分歧，但對於中國是最早使用指北針（指南針）的國家這點毫無異議。在古代，中國曾使用指北針替房屋地基或墓地尋找風水地理，之後在航海時也有使用。在利用從中國經由阿拉伯傳至歐洲的指北針後，歐洲的航海術得到大幅發展，也藉此發現了許多新航線。根據紀載，韓國在朝鮮時代時也曾使用過名為「輪圖」的指北針。

用鐵釘製作指北針

只要將磁鐵吸在鐵製物體上，該物體就會具有磁性，這就稱為「磁化」。我們可以利用磁化過的物體來製作指北針。

★ 準備材料

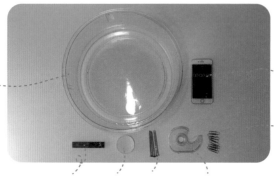

透明盆

計時器

迴紋針

棒狀磁鐵　紙杯　鐵釘　玻璃紙膠帶

所需時間	難易度	實驗危險度	相關單元
30分鐘	★★★★☆	請小心不要被鐵釘劃傷。 ★★★☆☆	三年級上學期 〈磁鐵與磁力〉單元

活動1 　試著讓鐵製物體產生磁性

1 在磁化之前，先試試看鐵釘是否能吸附磁鐵。

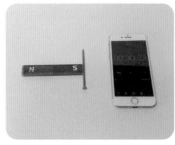

2 在磁鐵其中一極吸上鐵釘，持續30秒。

3 使用吸在磁鐵上30秒後拿下的鐵釘吸一下迴紋針，看看最多能吸住幾支迴紋針。

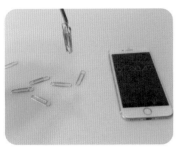

4 使用其他鐵釘以相同方式，各自吸在磁鐵上1分鐘、2分鐘、3分鐘，看看這些鐵釘分別能夠吸住多少支迴紋針。

5 使用鐵釘以同方向摩擦磁鐵好幾次，看看這樣能吸住幾支迴紋針。請用能夠吸住最多迴紋針的那根鐵釘來製作指北針。

活動2 請用鐵製物體製作指北針

1 使用玻璃紙膠帶將鐵釘固定在紙杯底部的正中央。

2 將做好的指北針放入裝水的盆子裡。

3 觀察看看自己做的指北針和實際指北針的方向是否一致。也可使用保麗龍、泡棉棒等可以漂浮在水上的物體代替紙杯。

 科學遊戲好好玩

在外太空也能使用指北針嗎？正確解答是：有能使用的地方，也有不能使用的地方。我們可以將地球看作是一個巨大的磁鐵，被地球磁力（磁鐵彼此相互吸引或推斥所產生的力量）影響的範圍就稱為「地磁場」。在地磁場內可以使用指北針，但只要離開了地磁場就無法使用指北針。

18 相斥相吸的可愛磁鐵

可獨自進行 ☑
請和朋友同樂 ☐
請由父母陪同 ☑

磁鐵的同極會相斥，異極會相吸。N極和N極、S極和S極會互相推斥，而N極和S極則會互相吸引。磁鐵同極相斥的力量就稱為「斥力」，而異極相吸的力量則稱為「引力」。

★ 準備材料

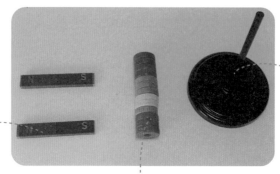

棒狀磁鐵2個

環形磁鐵套柱

環形磁鐵

指北針

所需時間	難易度	實驗危險度	相關單元
15分鐘	★★☆☆☆	★☆☆☆☆	三年級上學期〈磁鐵與磁力〉單元

活動1 磁鐵彼此靠近時會發生什麼事情？

1 手抓棒狀磁鐵，試著橫向讓S極和S極靠近看看。

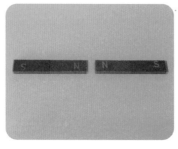

2 手抓棒狀磁鐵，試著橫向讓N極和N極靠近看看。

3 手抓棒狀磁鐵，試著橫向讓S極和N極靠近看看。

小叮嚀

也可不用手抓，而是將磁鐵放在平坦的地方向前推，實驗看看。

4 手抓棒狀磁鐵，試著縱向讓同極靠近看看。

5 手抓棒狀磁鐵，試著縱向讓異極靠近看看。

活動 2 🔬 將磁鐵疊成一座塔

1 拿著棒狀磁鐵靠近環形磁鐵，了解一下環形磁鐵的極。以棒狀磁鐵的N極接近時，會被推開就是N極，會被吸住的則是S極。

2 試著讓環形磁鐵的同極相對，疊成一座塔。

3 試著讓環形磁鐵的異極相對，疊成一座塔。以同極相對時，可以疊出最高的塔。反之，以異極相對時則會疊出最低的塔。

科學遊戲好好玩

可以用棒狀磁鐵來疊成塔嗎？請以棒狀磁鐵剛好可以放入的大小將筷子固定在保麗龍製成的保冰盒上。接著依次放入一根棒狀磁鐵實驗看看，讓同極相對時，就能見到磁鐵漂浮的情景。

以磁鐵S極接近指北針時,紅色指針就會指向磁鐵。以N極接近指北針時,原色指針就會指向磁鐵。

★ 準備材料

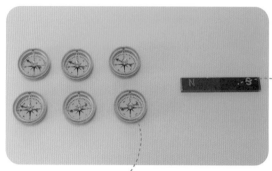

棒狀磁鐵

指北針6個

所需時間	難易度	實驗危險度	相關單元
20分鐘	★★★☆☆	★☆☆☆☆	三年級上學期〈磁鐵與磁力〉單元

活動1 請將磁鐵拿近指北針,並觀察看看

1 將指北針放在桌面上,並讓紅色指針指向北方。

2 拿著磁鐵的S極慢慢靠近指北針,觀察指針的變化。靠近至一定的距離,就可以發現紅色指針會慢慢指向磁鐵的方向。

3 將原本靠近的磁鐵S極慢慢移開,觀察指北針的指針變化。移開至一定的距離後,就可以發現紅色指針會慢慢回到原本的方向。

當磁鐵越來越靠近時，指北針的指針開始出現變化的地方，就是磁力所影響的空間。這個空間就稱為「磁場」。

4 拿著磁鐵的N極慢慢靠近指北針，觀察指針的變化。靠近至一定的距離後，就可以發現原色指針會慢慢指向磁鐵的方向。

5 將原本靠近的磁鐵N極慢慢移開，觀察指北針的指針變化。移開至一定的距離後，就可以發現原色指針會慢慢回到原本的方向。

活動2 拿6個指北針放在磁鐵的周圍

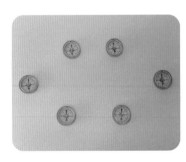

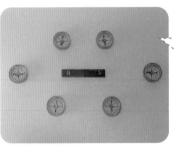

將磁鐵拿起來，並交換N極和S極的方向後放回去，實驗看看這些指北針的指針又會出現什麼變化。

1 擺放6個指北針，並觀察中間空出擺放棒狀磁鐵的地方。

2 將棒狀磁鐵放在6個指北針中間，觀察變化。可以發現位於N極的指北針原色指針指向N極，而位於S極的指北針紅色指針指向S極。

 科學遊戲好好玩

還有一種呈現液態的磁鐵，那就是名為「磁流體（Ferrofluid）」的物質，又稱鐵磁流體，這種物質是於1963年由NASA研發出來的。要在無重力狀態的宇宙中注入燃料非常困難，因此NASA便將具有磁性的小顆粒分散在液體中，以利用引力來吸引燃料。如果拿著磁鐵靠近磁流體，液體就會被吸過來，變成有如刺蝟般的尖刺狀。

20 磁鐵無所不在

可獨自進行 ☑
請和朋友同樂 ☐
請由父母陪同 ☑

磁鐵不會留下痕跡，又可以非常輕鬆的黏貼或拔掉，因此可用於鈕扣、黑板磁鐵、手機架等各種地方，讓我們的生活更加便利。

★ 準備材料

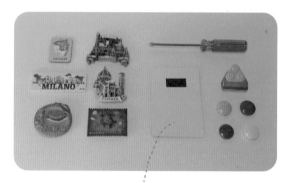

使用磁鐵的各種物品

所需時間	難易度	實驗危險度	相關單元
30分鐘	★★★☆☆	★☆☆☆☆	三年級上學期〈磁鐵與磁力〉單元

活動1 找找看生活中哪些地方會用到磁鐵？

1 教室黑板磁鐵：可隨時輕鬆黏貼像紙張這般輕盈的物品，要換位置的時候也很方便。

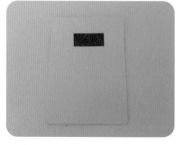

2 廣告傳單磁鐵：就算不用膠帶也能乾淨的貼附在物品上，而且還能貼在冰箱門上以便觀看。

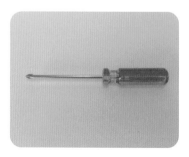

3 螺絲起子：可固定住鐵製的螺絲以避免掉落。

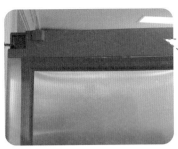

小叮嚀

多加留意一下教室、家裡常使用的空間等，就能發現使用磁鐵的地方其實比想像的還多。

4 冰箱磁鐵：很容易就能找到並使用開瓶器等物品。

5 冰箱門磁鐵：幫助冰箱門只要稍微靠近就能關上，以防止冰箱門敞開的狀況。

活動2 思考可以運用磁鐵的用品，並畫出來

範例	圖片	使用磁鐵的部分與說明
磁鐵碗與托盤		把碗的底部和托盤上放碗的部分做成磁鐵，這樣即使稍微傾斜，也不會發生碗掉下來摔破的事情。

小叮嚀

就算不是什麼了不起的發明，只是簡單的點子也可以。例如：為了防止桌上的原子筆掉落，在原子筆中央及桌子邊緣放入磁鐵，這也是不錯的創意吧？

 科學遊戲好好玩

請和家人一起進行「尋找使用磁鐵的物品」遊戲。

1. 和家人一起到大賣場購物。

2. 各自帶著手機在大賣場中尋找使用磁鐵的3種物品。

3. 將找到的物品拍照，並上傳至家庭群組中。

4. 最先找到3種物品並上傳至群組中的人就獲得勝利。

21 地球的各種樣貌

可獨自進行 ☐
請和朋友同樂 ☑
請由父母陪同 ☑

地球的表面是以高山、田野、海洋、溪谷、沙漠、火山等各種不同樣貌所組成的。

★準備材料

智慧型手機或平板

A4紙張

彩色油性黏土

所需時間	難易度	實驗危險度	相關單元
40分鐘	★★☆☆☆	★☆☆☆☆	四年級下學期〈變動的大地〉單元

活動1 請觀察一下地球的表面

● 說說看你在地球表面見到的地形。
● 利用智慧型手機或平板尋找地球表面的地形，只要使用Google地球就能觀察到世界各地的情況。將山跟山之間、火山跟火山之間等相同分類的一起分門別類觀察，就能發現即使是同一種類，根據所在位置不同也會有很多差異（陡峭的山、矮山等）。

山

沙漠

冰河

湖泊

● 選擇地球表面上的其中一種地形，仔細觀察後寫出關於它的特徵。

海洋： 越遠的地方呈現的藍色越深，越近的地方呈現出的藍色越淺，海浪拍打的部分為白色的，有很多水。

小叮嚀

最好能具體寫出形態、顏色、有別於其他地方的部分特徵。

活動2 **請試著將觀察到的內容呈現出來**

● 請試著在16開硬紙板上以彩色油性黏土呈現出觀察到的地球表面地形

● 向朋友或家人介紹自己的作品。

 科學遊戲好好玩

雖然因為寒冷而看似沒有任何生物能夠存活，但在北極的苔原（tundra：北極海附近冰凍的土地）上卻生存著北極石杉、北極問荊、北極柳等1500多種植物。雖然就連北極夏天的7～8月氣溫不超過10℃，但等冰雪融化之後，植物就能生長。由於只在夏天生長，這些植物的高度會比其他地區要矮，所以隨處可見低於10公分以下的草木。

地球表面大致可以分為陸地和海洋兩種地形。地球表面大約72%的面積都是海洋，所以從外太空看起來會呈現藍色。

★ 準備材料

世界地圖

黃色和藍色便利貼（51mm × 38mm）

所需時間	難易度	實驗危險度	相關單元
40分鐘	★★★★☆	★☆☆☆☆	四年級下學期〈變動的大地〉單元

活動1 比較看看陸地與大海的面積

● 看著世界地圖從左上到右依序在陸地貼上黃色便利貼，在海洋貼上藍色便利貼，並數數看各有幾張。如果要覆蓋便利貼的地方陸地面積大於海洋，那就貼上黃色便利貼；如果海洋面積大於陸地，就貼上藍色便利貼。若使用尺寸較小的便利貼進行活動，可以比較出較為準確的大小。

● 數一數，黃色便利貼和藍色便利貼各有幾張，比比看地球陸地和海洋的大小。

● 使用Google地球來比比看地球陸地和海洋的大小。

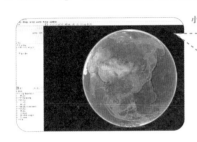

小叮嚀

世界地圖是以平面的方式呈現球形地球的整個樣貌，所以某些地方會標示得比實際尺寸還大。比起世界地圖，地球儀上呈現的陸地和海洋較為精準。只要透過比較就能得知在世界地圖和Google地球是如何呈現格陵蘭島和澳洲的大小。讀者們可以透過Google地球的地球儀觀察一下陸地和海洋，看看哪個比較大。

活動2 了解陸地與海洋的差異

● 回想一下在溪谷和海邊玩水時喝到的水的味道。大海的水會比陸地的水還鹹。

小叮嚀

請試著回想一下在溪谷和海邊玩水時，喝到的水的味道。海水的味道比陸地的水味還要鹹呢！

科學遊戲好好玩

海水之所以會有鹹味，是因為有鹽溶入其中。鹽的主成分是氯化鈉，如果我們假設有1000的海水，其中的35就是氯化鈉。為什麼大海裡會含有這麼大量的氯化鈉呢？當地球出現在宇宙中，地球下了很長時間的雨。這時地球上最容易溶解物質就會流入大海，其中最具代表性的就是氯化鈉。此外，火山爆發後產生的物質也會溶入於海水，這些物質中也包含了氯化鈉。

23 圓滾滾的地球

可獨自進行 ☐
請和朋友同樂 ☑
請由父母陪同 ☑

在地球外太空人造衛星拍到的地球形狀是圓的。

★準備材料

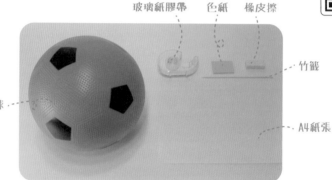

玻璃紙膠帶　色紙　橡皮擦

竹籤

球

A4紙張

所需時間	難易度	實驗危險度	相關單元
40分鐘	★★☆☆☆	★★★★☆	四年級下學期〈變動的大地〉單元

活動1 猜測地球的形狀

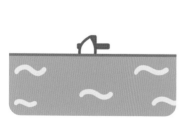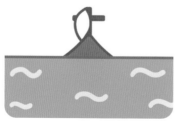

船從大海遠方開進港口的樣子。

● 請從先看到船桅的樣子來猜測地球的形狀。

✏️ 我認為的地球形狀

☆ 原因：

活動2 🔬 地球是平的還是圓的？

● 試著做出一般帆船。

1 將竹籤剪成大約4公分的長度。

2 用剪刀將色紙剪出一小塊三角形，再用玻璃紙膠帶貼到竹籤上，作為船帆。

3 將船帆插在橡皮擦上。

● 實驗一下，如果地球是扁平的，船隻會以什麼方式開進港口。

1 將 A4 紙張當作是平坦的地球，橡皮擦是船隻，進行實驗。

2 請一位朋友在桌子尾端對齊視線，觀察一下 A4 紙張上的橡皮擦形狀。

3 另一位朋友將 A4 紙張上的橡皮擦朝著觀察者所在方向慢慢移動前進。

● 實驗一下，如果地球是圓的，船隻會以什麼方式開進港口。

1 將球當作是圓圓的地球，橡皮擦是船隻，進行實驗。

2 請一位朋友在桌子尾端對齊視線，觀察一下球上的橡皮擦形狀。

3 另一位朋友將球上的橡皮擦朝著觀察者所在方向慢慢移動前進。

小叮嚀
船隻在球後方時看不見，接著就會慢慢從部分露出至整體。

科學遊戲好好玩

為什麼世界地圖和地球表面實際上的樣子不同呢？我們所居住的地球呈現出3D的圓球狀；然而，將地球樣貌縮小的地球儀讓人很難一眼就看清整個地球表面，而且很難攜帶，因此才製作出地圖。但地圖是2D畫面，

所以和實際會有點落差。越靠近兩極，大小扭曲的情況就越嚴重，為了彌補這點，人們繪製出許多不同的地圖（高爾-彼得斯投影、羅賓森投影等）。我們所使用最具代表性的地圖是使用越靠近兩極，大小就變得越大的麥卡托投影法繪製出的地圖。

24 前往月球探險

可獨自進行 ☐
請和朋友同樂 ☐
請由父母陪同 ☑

月球是圓的，表面為灰色，但有分暗色和亮色的區域。月球表面上看起來比周遭陰暗的區域就稱為「月海」。月球表面上有被隕石撞擊而形成的大大小小坑洞。

★ 準備材料

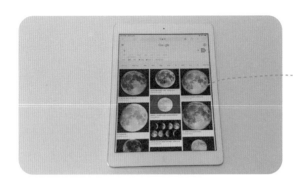

-----智慧型手機或平板

所需時間	難易度	實驗危險度	相關單元
40分鐘	★★★★★	★★★☆☆	四年級下學期〈變動的大地〉單元

活動1 🧪 運用Google地球來觀察月亮樣貌

● 安裝Google地球

1 在搜尋欄位搜尋Google地球。

2 連到Google地球的網站。

3 點選地球版本，接著下載Google
地球行動版程式後安裝。

4 啟動Google地球。點選中央上方
的衛星圖示，並從地球、星空、
火星和月亮中點選月亮。＊

● **使用Google地球來觀察月亮樣貌。**

1 這是圓圓的月球，表面是灰色
的。

2 月球上有明亮和陰暗的區域，陰
暗區就叫做「月海」。

3 月球表面有被隕石撞擊所產生的
大大小小坑洞。

小叮嚀

只要在GooglePlay商店搜尋「月
亮」，就能找到許多可以用手機觀
測月亮的程式。

＊ 本書編輯過程實際操作Google地球時，因版本問題無法點擊月亮，但仍保留原書介紹，
讀者可至GooglePlay商店下載。

活動2 請用天文望遠鏡實際觀測月亮

● 這是用天文望遠鏡觀測到的月亮形狀。

1 滿月

2 上弦月

小叮嚀

若使用20～30倍率以上的望遠鏡甚至還能觀測到月球表面的隕石坑。使用天文望遠鏡直視太陽非常危險，因此千萬不要這麼做。

3 下弦月

4 新月

科學遊戲好好玩

月球重力（吸引物體的力量）只有地球的1／6，所以人在月球上彈跳可以比在地球上還要更高，而且會緩緩下降。因為月球上沒有大氣，所以不會颱風，也聽不見聲音。因為沒有大氣，所以溫度幅度會從零上130℃到零下170℃，溫差可達300℃。地球上第一個探訪月球的國家是前蘇聯，他們於1959年派遣月球1號在月亮附近飛行。1969年美國發射了阿波羅11號，尼爾‧阿姆斯壯成為人類史上第一個踏上月球的人。韓國目前也正在準備將月球軌道探測器送上月球。

25 珍貴的地球交給我來守護！

可獨自進行 ☑
請和朋友同樂 ☐
請由父母陪同 ☑

由於盲目的開發，地球正受到土壤汙染、水質汙染、大氣汙染等各種環境汙染而逐漸病入膏肓。為了宣導環境汙染的嚴重性及保護地球，便將4月22日定為世界地球日，許多國家都會參加世界地球日的活動。

★ 準備材料

A4紙張

鉛筆

橡皮擦

所需時間	難易度	實驗危險度	相關單元
40分鐘	★★☆☆☆	★☆☆☆☆	四年級下學期〈變動的大地〉單元

活動1 思考可以如何保護土地、水和空氣

垃圾資源回收（土地）

不亂丟垃圾（土地）

珍惜用水（水）

減少使用清潔劑（水）　　　近距離以步行前往（空氣）　　　使用大眾運輸（空氣）

小叮嚀

比起難以執行的事情，請想出一些可以輕易實踐的事情。例如不使用拋棄式用品、不在路上亂丟垃圾、洗臉或刷牙時只裝取必要用到的水量等。

活動2　訂定一日一實踐的計畫表

小叮嚀

若有完整做到實踐內容就以◎，普通以○，不夠好則標示△來記錄實踐結果。如果每個月都更換一次內容，那就能實踐更多不同的項目。若對於這個月的實踐成果還不太滿意，那下個月也可以再執行一次相同的內容。

 科學遊戲好好玩

分類好的資源回收垃圾怎麼處理？首先會將這些分類好的資源回收垃圾進行篩選，只挑出可以回收利用的垃圾進行分類，其它的則會埋入地底或燒掉。回收利用的垃圾可以再次利用變成原料。

我們常用的寶特瓶可回收利用的量其實不多，如果想要使用沾有髒汙或貼上標籤的寶特瓶，就必須使用強風和水進行多次的分離程序，這麼做將會需要大量費用，因此垃圾回收率無法超過40%。如果我們進行垃圾分類時能夠多加留意，應該也會更有助於保護地球吧？

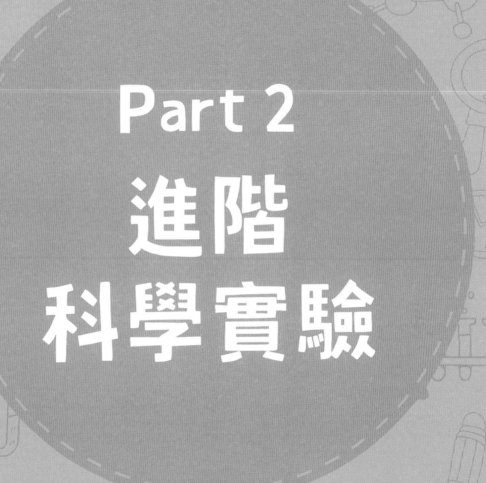

Part 2
進階
科學實驗

26 吸引力大王

　　探究是指認識現有的知識和問題，並使用進行實驗的科學過程，累積新的科學概念的活動。決定探究問題時應該要選擇可以驗證的問題進行。

★ 準備材料

髮夾等

各種形狀的磁鐵

迴紋針

R

所需時間	難易度	實驗危險度	相關單元
10分鐘	★☆☆☆☆	★☆☆☆☆	三年級上學期〈磁鐵與磁力〉單元

活動1 🧪 **觀察磁鐵**

1 觀察一下磁鐵的大小。

2 測量一下磁鐵的長度。

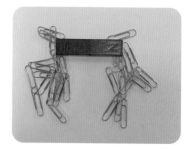

3 試著將迴紋針黏在磁鐵上。哪一邊黏上最多磁鐵？

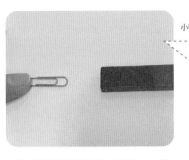

小叮嚀

如果家裡沒有迴紋針，也可使用髮夾和麵包綁帶來進行實驗。

4 試試看磁鐵要拿得多近，才能讓迴紋針開始移動。

活動 **2** 關於磁鐵你有什麼想知道的問題？

● 如果將好幾個磁鐵接在一起，那可以吸住更多迴紋針嗎？

 科學遊戲好好玩

請和家人一起進行決定探究問題的遊戲。

1. 各自決定想要觀察的物質。（例：顏色不同的衣服）

2. 將可以用來探究決定物質的問題記錄在紙上。（例：將黑色、白色等顏色不同的衣物放在陽光下曝曬30分鐘後測量溫度，哪個顏色的衣服溫度會更高？）

3. 和家人輪流發表自己決定的主題，一起實驗看看。

27 哪種磁鐵比較強？

可獨自進行 □
請和朋友同樂 ☑
請由父母陪同 ☑

探究結果是指透過探究活動獲得的事實和情報。探究結論是指透過探究結果得知的事實以及對於探究問題的解答。

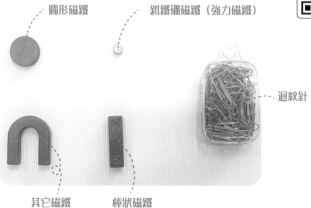

★準備材料

圓形磁鐵　　　　　　釹鐵硼磁鐵（強力磁鐵）

迴紋針

其它磁鐵　　　棒狀磁鐵

所需時間	難易度	實驗危險度	相關單元
20分鐘	★☆☆☆☆	★★☆☆☆	三年級上學期〈磁鐵與磁力〉單元

活動1 請找出磁力最強的磁鐵

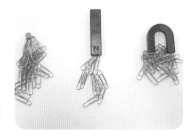

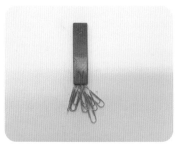

1 在各種不同的磁鐵中，猜測一下哪一種磁鐵的磁力最強？

2 試著將迴紋針直接黏在各種不同造型的磁鐵上並寫下結果，若需要也可畫圖記錄。

3 向家人和朋友分享經由實驗得知的結果。

活動2 請根據長度找出磁力最強的棒狀磁鐵

1 使用一根棒狀磁鐵,並將迴紋針黏在上面看看。

2 將兩根棒狀磁鐵吸在一起,並將迴紋針黏在上面看看。

3 將三根棒狀磁鐵吸在一起,並將迴紋針黏在上面看看。

小叮嚀

使用過的迴紋針有可能會產生磁化,因此請拆下來另外擺放,並使用沒有用過的迴紋針。

4 試著用表格和圖表呈現觀察結果。

 科學遊戲好好玩

回顧一下自己探究活動的過程,並自我評價是否有效的執行整個探究過程。

自我評價表

評價內容	完全符合	符合	普通
有照探究計畫進行嗎?			
有照實記錄探究結果嗎?			
有積極參與探究活動嗎?			
執行探究後,是否有找出探究問題的相關解答?			
在執行探究時是否有注意安全?			

28 一起成為磁鐵研究王

可獨自進行 ☐
請和朋友同樂 ☑
請由父母陪同 ☑

根據探究的內容，並以不同方式發表探究結果。請仔細聆聽他人的發表並一同參與討論。

★準備材料

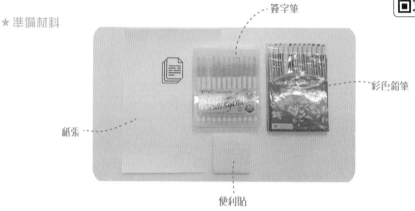

簽字筆

彩色鉛筆

紙張

便利貼

所需時間	難易度	實驗危險度	相關單元
40分鐘	★★★☆☆	★☆☆☆☆	三年級上學期〈磁鐵與磁力〉單元

活動 1 🧪 **請用各種不同的方法發表探究結果**

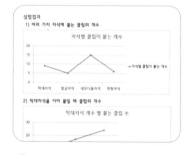

1 海報式發表：在家中一角貼上海報，並在海報前向家人發表。家人可以看著海報，同時進行提問和評價。

2 科展式發表：在家中一角設置展示空間，在一定期間內展示發表的資料。家人可運用便利貼對探究結果提出建議、問題或給予稱讚。

3 投影片式發表：利用Power point製作投影片進行發表。發表結束後可藉由提問和回答，與家人依照探究結果進行討論。

活動2 **寫下探究結果發表後的感想**

● 寫下製作探究結果發表資料及發表過程中的感想並與家人和朋友分享。

 科學遊戲好好玩

請和家人一起用便利貼進行溝通發表遊戲。

1. 使用四開紙製作探究發表資料後，在家人面前講解執行探究的發表海報。

2. 家人在聽完發表內容後，在便條紙寫下好奇或想提議的事情並貼在海報上。

3. 發表者透過海報上內容直接寫下回答或口頭說明，與家人依照探究結果進行溝通討論。

29 住在我們周遭的動物朋友

可獨自進行 ☑
請和朋友同樂 ☐
請由父母陪同 ☑

動物和植物不同，無法自行製造養分，是一種必須藉由食用植物或其他動物來獲得養分的「異營生物」。寵物和人類一起生活，並帶給人類心理上安定感和親密感，是有如家人般的存在。

★準備材料

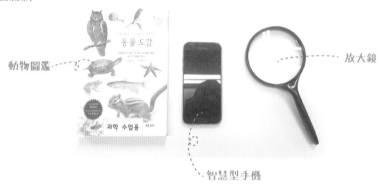

動物圖鑑

智慧型手機

放大鏡

所需時間	難易度	實驗危險度	相關單元
30分鐘	★★☆☆☆	★★★☆☆	三年級下學期〈動物大會師〉單元

活動1 觀察住在我們身邊的動物

1 想想看，在我們身邊有哪些地方可以觀察到動物？

2 觀察看看住在我們身邊的動物。

3 觀察看看住在學校花圃裡的動物。

小叮嚀

利用學校或住家附近的公園觀察各種動物，並使用智慧型手機拍照。

4 觀察看看住在樹上的動物。

活動2 整理一下觀察到動物的特徵

1 觀察動物生活的地方和長相等特徵。

2 在觀察過的動物中，若有想要更進一步了解的動物，就請在動物圖鑑中查找說明並寫下來。

3 利用搜尋網站並試著畫出觀察的動物。

科學遊戲好好玩

請和家人一起進行「用肢體說話的動物大猜謎」遊戲。

1. 和家人透過猜拳決定遊戲順序。

2. 最先開始的人利用肢體，表現出動物的特徵。

3. 其他家人舉手搶答後，猜猜看剛才表現的是什麼動物。

4. 每個人都輪流模仿動物，猜中最多答案的人就是贏家。

30 住在陸地和沙漠的動物

可獨自進行 ☐
請和朋友同樂 ☑
請由父母陪同 ☑

動物是透過生長在地面上的植物來獲取食物，還可在陸地上得到築巢的地方或棲息處。住在陸上的動物會依靠行走或爬行移動，行走的動物有腿，而爬行的動物沒有腿。

★準備材料

動物圖鑑 ⋯⋯⋯

鑷子　培養皿　　　記錄本

放大鏡

所需時間	難易度	實驗危險度	相關單元
20分鐘	★★★☆☆	★★★☆☆	三年級下學期〈動物大會師〉單元

活動1 🧪 **認識住在陸上的動物**

1 將生活在住家或學校附近地面上的小昆蟲放入培養皿中，並使用放大鏡仔細觀察。

2 利用動物圖鑑找找看有哪些動物住在陸地上。

3 找找看出現在電影或動畫中的陸上動物。

小叮嚀

螞蟻也有毒性，牠們會分泌一些蟻酸，尤其是火蟻的蟻酸威力非常強大，只要進入人體的皮膚就會產生水泡。

4 調查一下可在住家附近見到的危險動物。

活動 2 認識住在沙漠中的動物

1 利用動物圖鑑找找看有哪些動物住在沙漠中。

2 調查一下住在沙漠中的動物的獨特長相。狐獴前腳有又長又硬的鉤狀指甲，可以輕易的在沙漠中挖洞。

3 試著利用沙漠動物的特徵畫出卡通人物角色。（例如：站崗時絕對不會分心，負責守護群體安全的警衛小姐。這位站崗的狐獴小姐名字就叫做寶美。）

 科學遊戲好好玩

請和家人一起進行「動物名稱二十問」的遊戲。

1. 和家人猜拳決定遊戲順序。

2. 請表演者在心中選出一個住在陸地的動物。

3. 這是其他人透過提問，猜測表演者心中所想的陸上動物為何的遊戲。

4. 每個人輪流提問，當有人問出「有四條腿嗎？」的問題時，表演者只能回答「對」或「不對」。

5. 在回答二十次前被其他人答對時，表演者就得繼續擔任表演者。如果超過二十問還沒有人猜對，表演者就贏了。

31 幫動物朋友分類

可獨自進行 ☑
請和朋友同樂 ☐
請由父母陪同 ☐

分類是指按照一定標準來進行分組的動作。動物可依照棲息地、有無脊椎、有無翅膀等多種標準進行分類。

★ 準備材料

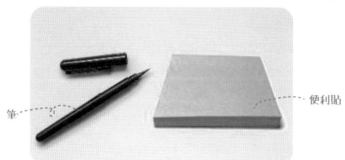

筆

便利貼

所需時間	難易度	實驗危險度	相關單元
20分鐘	★★★☆☆	★☆☆☆☆	三年級下學期〈動物大會師〉單元

活動1 動物身家大調查

1 調查10種以上我們身邊常見的動物，最好是能以大家熟悉的動物為主，這樣才會比較容易分類。

2 請仔細觀察動物並找出其特徵。（例如：兔子耳朵大、後腿長並彎曲成可以馬上跑動的樣子。）

3 試著利用所調查動物的特徵來畫畫。（例如：畫出兔子的大耳和折彎的後腿。）

活動2 認識動物分類的標準

小叮嚀

如果能畫出動物的特徵就更棒了。

1 在便條貼上簡單畫出所調查的動物。

2 請分成卵生和胎生的動物。

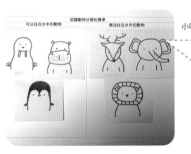

小叮嚀

也可樹立自己的標準進行分類。在制定分類標準時，不能以漂亮、可愛、巨大等這些每個人的感覺會有不同的項目來制定，必須制定出可以明確分類的標準。

3 請分成可以住在水中和無法住在水中的動物。

 科學遊戲好好玩

地球上住著無數的生物。為了理解這些生物之間的關係和系統，所以會進行生物分類。我們會先掌握生物生活的方式、是卵生還是胎生、骨骼構造等，並將相似的動物綁在一起，這種分類的方法就叫做「科學性分類」。

科學性分類分為動物界、植物界、真菌界、原生生物界和原核生物界等五界。不會進行光合作用，而是從其他動物身上獲取食物的人類屬於動物界；會進行光合作用並自行製造養分的樹木屬於植物界；不會進行光合作用，在生態界擔任分解者角色的黴菌或蕈類等屬於真菌類；像阿米巴變形蟲這種單細胞生物及海帶等多細胞的藻類屬於原生生物界；細胞核外沒有核膜包覆的細菌等，就屬於原核生物界。

仿生技術是指人想要模仿自然而努力透過素材或機械裝置等體現出來的技術。從蓮葉取得靈感的防水素材、模仿翠鳥喙部製造出的子彈列車等都是仿生的例子。

★ 準備材料

動物圖鑑

簽字筆

智慧型手機

彩色鉛筆

所需時間	難易度	實驗危險度	相關單元
30分鐘	★★★★☆	★☆☆☆☆	三年級下學期〈動物大會師〉單元

活動1 請調查一下運用了生物特徵的生活用品

小叮嚀
選手們穿的連身泳衣（鯊魚皮泳衣）就是參考能夠快速游動的鯊魚鱗片製成的。

1 調查一下利用了動物特徵的生活用品。

小叮嚀
鯊魚鱗片上有著小小的突起處，這些突起處可以減少水的摩擦力，讓牠能游得更快。

2 寫寫看這項生活用品是利用哪些動物特徵製造出來的。

小叮嚀

用在運動鞋、羽絨衣等處的魔鬼氈是參考黏在人的衣服上就不容易脫落的鬼針草種子製成的。

3 調查一下利用了植物特徵的生活用品。

小叮嚀

可以輕鬆撕貼的魔鬼氈是參考了鬼針草上小鉤子一側鉤狀、一側環狀的造型而開發出來的。

4 寫寫看這項生活用品是利用哪些植物特徵製造出來的。

活動2 運用動物特徵來設計生活用品

1 仔細觀察我們周遭的動物特徵，並想一想可以將這些特徵運用在哪些生活用品上。

2 以想到的內容為基礎，運用動物的特徵構想一下自己想做的生活用品。

 科學遊戲好好玩

利用多種動物的長相和特徵的仿生機器人研究正在積極地進行中。在幫助人類生活變得更加便利的仿生機器人當中，目前已經開發出螞蟻機器人及昆蟲機器人（Delfly Micro）。

德國企業Festo製造出的螞蟻機器人可利用船上的無線通信器，像螞蟻般的與其他螞蟻機器人溝通，並決定該如何移動和搬運物品。

2008年由荷蘭台夫特理工大學開發出重量3克、長度10公分的昆蟲機器人是可以像蜻蜓一樣撲翅飛行的機器人。這種機器人即使在低速狀態也有辦法在空中停留。

33

土壤是怎麼形成的？

土壤是由岩石或石塊破碎的顆粒、腐爛的樹根或樹葉等混合而成的物質。土壤是被水或樹根、撞擊等擊碎的岩石碎粒混合了樹根和樹葉所形成的。

★ 準備材料

白紙

有蓋的
透明塑膠罐

土壤

冰糖

所需時間	難易度	實驗危險度	相關單元
20分鐘	★★☆☆☆	★☆☆☆☆	五年級上學期〈地表的變化〉單元

活動1 🧪 認識土壤形成的過程

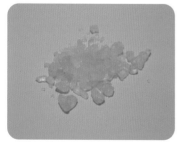

1 將冰糖放到白紙上。

2 在搖晃之前先觀察一下冰糖。請仔細觀察冰糖的大小、邊角形狀、冰糖粉等狀態。

3 將冰糖裝至塑膠罐的1/3處並蓋上瓶蓋，並搖晃塑膠罐5分鐘以上。請將塑膠罐上下用力搖晃。

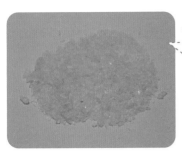

小叮嚀

觀察一下冰糖塊的大小有什麼變化、冰糖粉看起來如何、冰糖邊角又有什麼變化等。

4 將冰糖倒在白紙上觀察一下。

活動2 請想一想土壤形成的過程

小叮嚀

將碎石子與冰糖碎粒、土壤與冰糖粉末比較一下,並想想看土壤是怎麼形成的。

1 觀察一下土壤和碎石子。

2 將冰糖碎粒及粉末拿來與土壤和碎石子比較,思考一下土壤形成的過程。

科學遊戲好好玩

讓我們詳細了解一下土壤形成的過程。土壤好像總是留在原地,但其實它是慢慢不斷變化形成的。為了變成土壤,岩石必須先變成碎塊才行。在成為土壤之前,最初的岩石被稱為「母岩」,它會經由各種過程被破碎成細細的粉末,而這些破碎的過程可說是非常多樣。

生長在石縫中的植物根部變粗,讓石頭縫隙因此裂開;或當氣溫改變時,岩石就會反覆的收縮和膨脹,最後像洋蔥皮一樣脫落;或是被風一點一點的刮去。

據說需要花上200年的時間才有辦法形成1公分土壤。這裡面包括了生物的殘骸、植物落葉或樹枝等因脫落而腐爛的有機物,若要成為充滿養分的成熟土壤,就得花上數十萬年的時間才有可能。

34

植物喜歡什麼樣的土壤？

可獨自進行 ☑
請和朋友同樂 ☐
請由父母陪同 ☐

腐蝕物是指植物根部、死掉的昆蟲或樹葉碎片等腐爛後的物品。若融入土壤中，則有助於讓植物順利生長。根據黏土和砂粒的比例來說，土壤分為砂質黏土、黏土和黏壤土等種類。

★ 準備材料

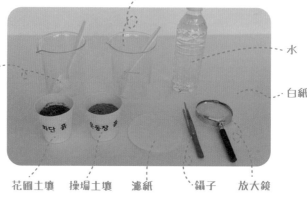

燒杯（500ml，或玻璃杯）2個
水
白紙
濾紙
鑷子
放大鏡
湯匙2支
花圃土壤
操場土壤

所需時間	難易度	實驗危險度	相關單元
30分鐘	★★☆☆☆	★☆☆☆☆	五年級上學期〈地表的變化〉單元

活動1 請觀察一下操場和花圃的土壤

1 將操場和花圃的土壤倒在白紙上。

2 比較一下土壤的顏色、顆粒大小、摸起來的觸感及可見物等。

小叮嚀

操場土的顏色是明亮的土黃色，但花圃土的顏色則是深褐色；操場土摸起來的觸感很粗糙，但花圃土則是非常柔軟溼潤；操場土不容易結成塊狀，但花圃土卻很容易結塊；在花圃土裡可見到樹葉碎片和植物莖部等物。

1 在兩個燒杯中各放入100ml 左右的操場土壤和花圃土壤。

2 在裝有操場土壤和花圃土壤的燒杯中各倒入半杯左右的水。

3 用湯匙各攪拌過2個燒杯後靜置一下。

4 比較一下操場土和花圃土浮在水面上的物質數量。

5 用鑷子將浮在水面上的物質夾出並放到濾紙上。

6 使用放大鏡觀察一下放到濾紙上的物質。
　－操場土壤：幾乎沒有。
　－花圃土壤：裡面有植物根部、莖部、花瓣、死掉的昆蟲和葉子碎片等。

 科學遊戲好好玩

請和家人一起進行觀察遊戲。

1. 準備不同採集地點的三種以上土壤。

2. 觀察這三種土壤。

3. 用眼罩蒙住猜題者的眼睛，並從各種土壤中選出一種放到猜題者手上。

4. 猜題者用手觸摸並猜測土壤種類。

5. 若猜題者猜中，就換人猜題。若猜題者沒猜中，就繼續再挑戰一次。

35 操場土壤和花圃土壤

可獨自進行 ☐
請和朋友同樂 ☑
請由父母陪同 ☑

操場的土壤顆粒比較大，水分較容易流失，幾乎沒有浮在水面上的腐蝕物。而花圃的土壤顆粒較小，水分比較不容易流失。

★ 準備材料

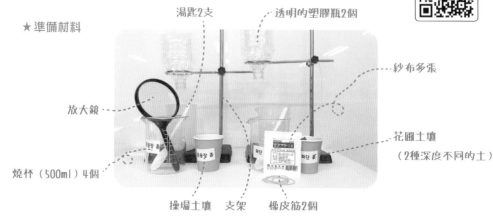

- 湯匙2支
- 透明的塑膠瓶2個
- 紗布多張
- 放大鏡
- 花圃土壤（2種深度不同的土）
- 燒杯（500ml）4個
- 操場土壤
- 支架
- 橡皮筋2個

所需時間	難易度	實驗危險度	相關單元
40分鐘	★★★★☆	★★★☆☆	五年級上學期〈地表的變化〉單元

活動1 比較操場土和花圃土的水分流失度

1 用紗布包住塑膠瓶口，並用橡皮筋綁好。

2 將操場土和花圃土分別裝入塑膠瓶至一半的高度後，固定在支架上。

3 在塑膠瓶下各擺上一個燒杯。

4 以差不多的流速同時往兩種土中分別倒入300ml的水。請根據使用的塑膠瓶自行調整高度。

5 在一定的時間內觀察哪一邊土壤流失較多水分。操場土壤的水分流失的較快。

活動2 比較深處土和淺處土的水分流失度

1 用紗布包住塑膠瓶口，並用橡皮筋綁好。

2 在不同地方採集不同深處的兩種花圃土，並分別裝入塑膠瓶至一半的高度後，固定在支架上。

3 在塑膠瓶下各擺上一個燒杯。

4 以差不多的流速同時往兩種土中分別倒入300ml的水。

5 在一定的時間內觀察哪一邊土壤流失較多水分。

36 地表變得不同了

可獨自進行 ☐
請和朋友同樂 ☑
請由父母陪同 ☐

侵蝕作用是指在地表上的岩石、石頭或泥土等被風或流水削掉的現象。搬運作用是指石頭、泥土等堆積物在風和流水的作用下移動的現象。堆積作用是指石頭、泥土等堆積在某處的現象。

★準備材料

寶特瓶
水
彩色沙
土壤

所需時間	難易度	實驗危險度	相關單元
20分鐘	★★★☆☆	★☆☆☆☆	五年級上學期〈地表的變化〉單元

活動1 做土丘進行比較

1 試著用花鏟將半個膝蓋高的土堆成小土丘。

2 將彩色沙撒至土丘上。

把水倒在土丘後觀察

小叮嚀

觀察一下彩色沙是如何移動的。彩色沙從上方移至下方。

1　用寶特瓶裝水，將水倒在土丘上觀察一下變化。請仔細觀察土丘隨著沙子移動被削掉的樣子。

2　觀察一下土丘上泥土被削掉和堆積的地方。
　－泥土被削掉的地方：土丘上方。
　－泥土堆積的地方：土丘下方。

科學遊戲好好玩

江河是可以一次見到侵蝕、搬運、堆積等作用的場所。水從上往下流，最後匯流入大海。江河開始的地方叫做上游，接近大海的地方則是下游。

上游處的幅度較窄，斜度較急，水流速度較快，因此常會發生水流削掉地表的侵蝕作用。上游處有很多瀑布、溪谷等。在江河的中游會有堆積物隨著水流動。中游處的幅度較寬，也有很多水流。然後進入水流速度緩慢的下游，堆積物就會在此堆積。下游處幾乎沒有斜度，也堆積了很多堆積物，因此可以形成寬闊的平地。下游處有很多村落、水田、旱田等。

37 一起來保護土壤

可獨自進行 □
請和朋友同樂 ☑
請由父母陪同 □

土壤會被海浪、風、雨等削掉。若土壤被削除太多，可能會造成建築物崩塌或土石流的危險。為了避免土壤被消除太多，我們會在地面上種植樹木、草坪、花卉等，或是設置能夠覆蓋並固定土壤的結構物。

★ 準備材料

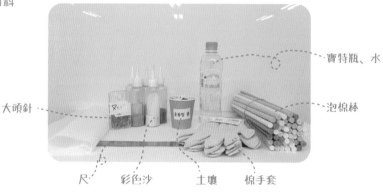

大頭針

實特瓶、水

泡棉棒

尺　彩色沙　土壤　棉手套

所需時間	難易度	實驗危險度	相關單元
40分鐘	★★★☆☆	★☆☆☆☆	五年級上學期〈地表的變化〉單元

活動1 製作保護土壤的設施

1 將泡棉棒裁剪成4根10公分、4根3公分的長度。

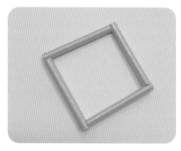

2 用大頭針將4根10公分的泡棉棒連在一起，做成一個四方形。

3 將3公分泡棉棒分別插在細紗網上，做出支架。

小叮嚀

插入大頭針時，必須與泡棉棒保持斜度插入才能固定好，也不怕大頭針從一側凸出來造成受傷。

4 在泡棉棒做出的四方形邊角上反插大頭針，並在上面鋪上一層細紗網。

活動2 # 觀察土壤被削除的程度

1 做出高達半個膝蓋的土丘並撒上彩色砂後，將設施物設置在上面。

2 將水倒在設施物上，觀察土壤被削除的程度。

 科學遊戲好好玩

請和家人一起進行「保護土丘上的旗子」遊戲。

1. 做出小土丘後，在土丘中央插上旗子。

2. 決定順序後，輪流用手削除土丘上的泥土並帶走。

3. 當旗子在輪到自己時倒下就輸了。

　　物質會像筷子和鉛筆等以固定外型和大小的狀態存在；或是像水和油一般，以「雖然會根據容器改變外型，但是體積卻不會改變的狀態」存在；又或是像空氣和二氧化碳一樣，以沒有固定外型或體積的狀態存在。

★準備材料

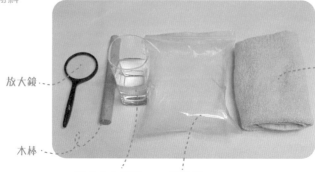

放大鏡
毛巾
木棒
裝有水的杯子　夾鏈袋

所需時間	難易度	實驗危險度	相關單元
10分鐘	★☆☆☆☆	★☆☆☆☆	四年級下學期〈認識物質與物質的變化〉單元

活動1 觀察木棒、水和空氣

1 使用放大鏡觀察顏色和形態。

2 試著用手抓抓看物質或讓它移動看看。

3 試著搖晃各種物質看看。仔細觀察各物質的特徵並記錄下來。請在桌面鋪上毛巾以避免水灑出來。

活動2 **找出具有相似性質的物品**

鐵

鋼琴

果汁

牛奶

二氧化碳

氦氣

 科學遊戲好好玩

你有見過熊熊燃燒的火嗎？替我們帶來溫暖和光明的火是什麼狀態呢？火花不像木棒大小形狀固定，也不像水一樣會流動或隨著容器改變形狀。火花雖然會燃燒，但是不會一直存在，而且會熄滅，因此也和空氣不一樣。那麼火究竟是什麼呢？其實火並不是某種物質或物質的狀態。所謂的火是空氣中的物質加熱到一定溫度以上時，就會發生「燃燒」這種化學反應，也就是靠著各種氣體、水、熱和光一起產生出來的反應。

39 將不同棒子裝入杯中

可獨自進行 ☑
請和朋友同樂 ☐
請由父母陪同 ☐

固體是指即使施加力量或壓力，也不會改變其形狀或體積的狀態。

★準備材料

米 ……

放大鏡 ……

…… 各種大小的玻璃杯

…… 塑膠棒

木棒 ……

所需時間	難易度	實驗危險度	相關單元
10分鐘	★☆☆☆☆	★☆☆☆☆	四年級下學期〈認識物質與物質的變化〉單元

活動1 將棒子裝入各種形狀的杯子裡

1 將木棒裝入各種形狀的杯子裡，觀察一下外型和大小的變化。

2 觀察一下塑膠棒外型和大小的變化。

小叮嚀

使用玻璃杯時請小心不要打破。若手邊沒有木棒或塑膠棒，使用木頭或塑膠材質的物品也可得到相同結果。

1 試著將米裝入各種形狀的玻璃杯中。

2 取出一顆米粒，好好觀察一下。

小叮嚀

米雖然看似會隨著玻璃杯的形狀改變，但只要觀察米粒，就會發現沒有變化，因此我們可以得知米粒屬於固體。

小叮嚀

除了米之外還可以將海綿和彩色油性黏土當成觀察對象，將有助於了解固體的特徵。

● 若保持下列標準，就能稱為固體嗎？

物質	觀察方法	觀察結果
	靜置時會維持一定的形狀嗎？	
	裝在各種形狀不同的碗裡會改變形狀嗎？	
	可以用手抓住嗎？	

 科學遊戲好好玩

各位知道雪也是固體嗎？只要用顯微鏡放大雪花，就能看見漂亮的結晶。像這樣形成結晶就是固體專屬的特徵。在我們周圍也能透過將鹽水長時間靜置或煮沸蒸發後產生的鹽粉來確認結晶的存在。

40 觀察晃動的水和果汁

可獨自進行 ☑
請和朋友同樂 ☐
請由父母陪同 ☐

液體是指雖然會隨著盛裝的杯子而改變形狀，但會維持一定體積的物質狀態。液體可以隨著盛裝的容器而自由改變形狀，但體積和盛裝容器的外型或施加的壓力無關，幾乎不會改變。

★ 準備材料

果汁 ┈┈

透明寶特瓶、水 筆　　各種不同形狀的透明杯

所需時間	難易度	實驗危險度	相關單元
10分鐘	★☆☆☆☆	★★☆☆☆	三年級上學期〈千變萬化的水〉單元

活動 1 將水和果汁裝入各種形狀的杯子裡

1 將水裝入各種形狀的杯子裡，觀察一下形狀和體積變化。

2 將果汁裝入各種形狀的杯子裡,觀察一下形狀和體積變化。

小叮嚀

使用玻璃杯時請小心不要打破。為了觀察液體高度的變化,請在第一個容器上用筆標示出高度。

活動2 觀察水在受到加壓時產生的變化

1 將水裝在透明寶特瓶中,並標示出一開始的高度。

2 用力按壓寶特瓶5秒以上後鬆開,確認一下水的高度。

 科學遊戲好好玩

1. 在可以浮在水面上的塑膠玩具底部貼上1元硬幣或軟性磁鐵。

2. 將玩具放入裝有水的塑膠寶特瓶中,並轉緊瓶蓋。

3. 用力按壓寶特瓶,玩具就會上下浮動。

41 看不到卻感覺得到

空氣是指圍繞著地球的大氣中接近地表的氣體，是由氮氣、氧氣和各種氣體混合而成。

★ 準備材料

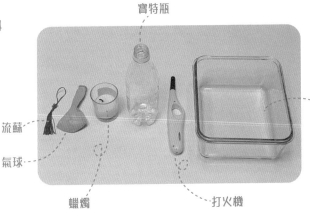

寶特瓶

流蘇

氣球

蠟燭

打火機

水箱

所需時間	難易度	實驗危險度	相關單元
30分鐘	★★☆☆☆	★★★★☆	三年級上學期〈空氣與風〉單元

活動1 觀察將手鬆開氣球時出現的變化

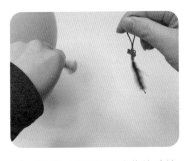

小叮嚀

在進行熄滅蠟燭的實驗時一定要有父母陪同，並在旁邊準備好可以滅火的工具。

1 觀察一下在握住流蘇的手前方將灌飽空氣的氣球開口鬆開時，手的感覺和流蘇的移動。

2 試著用氣球吹熄蠟燭。

活動2 用水確認寶特瓶中的空氣

小叮嚀

水中產生的氣泡是從寶特瓶中擠出的空氣。就算只是將寶特瓶拿到手邊按壓一下，也能感覺到空氣出來。

1 將寶特瓶反抓，放入裝有水的水箱中。

2 觀察一下按壓寶特瓶時會發生的變化。

活動3 觀察周圍空氣移動的樣子

1 空氣正在讓水移動。

2 空氣正在讓風箏移動。

3 空氣正在讓蒲公英的種子移動。

 科學遊戲好好玩

請和父母一起進行紙船遊戲。

1. 和父母一起摺出漂亮的紙船。

2. 讓摺好的紙船浮在水箱的水面上。

3. 試著使用扇子或寶特瓶等來移動空氣，讓紙船朝著自己想要的方向前進。

42 自動充氣的氣球

可獨自進行 ☐
請和朋友同樂 ☑
請由父母陪同 ☐

氣體是指會隨著容器而改變形狀和體積，並充滿容器的物質狀態。二氧化碳是構成空氣的氣體之一，會在動物呼吸或燃燒的過程中產生。溶於水中會形成碳酸，因此成為我們喝的碳酸飲料中的主要原料。

★ 準備材料

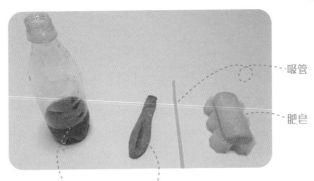

吸管

肥皂

裝有碳酸飲料的瓶子　　氣球

所需時間	難易度	實驗危險度	相關單元
30分鐘	★★★☆☆	★★☆☆☆	四年級下學期〈認識物質與物質的變化〉單元

活動1 🧪 請用氣球來確認氣體會充滿空間

小叮嚀

劇烈搖晃碳酸飲料時，反應會非常迅速而容易溢出。若改用水加維他命發泡錠或醋加小蘇打，實驗會較容易進行。

1 將600ml碳酸飲料倒出一定的分量後，在瓶口處套上一個氣球。

小叮嚀

讓氣球變大的氣體
就是二氧化碳。

2 輕輕搖晃瓶子後，觀察一下會有什麼變化。

活動 2 利用肥皂泡來確認氣體占據空間

1 調製出肥皂水。

小叮嚀

為了安全起見，請勿使用
洗衣精等洗劑。

2 將吸管末端放入肥皂水中輕
輕吹氣做出肥皂泡。

3 觀察一下根據吹氣量吹出的
肥皂泡個數和大小。

小叮嚀

只要仔細看根據吹氣量吹
出的肥皂泡個數和大小，
就能輕易確認空氣會占據
空間的事實。

 科學遊戲好好玩

氣體總是占據著空間，同時也會移動，空氣移動就稱為風。各位也能製造出風，只要大口
呼氣，嘴巴裡的空氣就會跑出來，就能感覺到有風吹來，是什麼力量讓風被吹出來呢？呼
氣的話，體內肺部的空間就會減少，而那個空間內的空氣就會擠在一起，擠在一起的空間
會移動到空氣鬆散的體外，當密集的空氣移動到鬆散的地方就會有風。

43 空氣力量噴泉

可獨自進行 ☐
請和朋友同樂 ☑
請由父母陪同 ☑

空氣也有重量。同一個空間內的空氣量增多，壓力就會增大，空氣重量產生的力量就叫做氣壓。

★ 準備材料

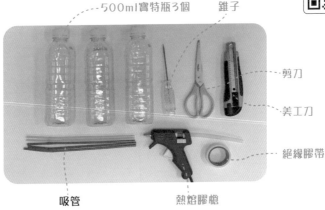

- 500ml寶特瓶3個
- 錐子
- 剪刀
- 美工刀
- 絕緣膠帶
- 吸管
- 熱熔膠槍

所需時間	難易度	實驗危險度	相關單元
40分鐘	★★★★★	★★★★☆	三年級上學期〈空氣與風〉單元

活動1 請製作希羅噴泉

小叮嚀

使用錐子和熱熔膠槍時請務必有家長陪同。

1 在3個寶特瓶中的其中一個寶特瓶（A）近瓶口處切開，並用絕緣膠帶在切口處包住，以避免傷到手。

2 在剩下的2個寶特瓶（B和C）同一個位置上用錐子鑽兩個洞，分別插入吸管1和吸管2之後用熱熔膠黏好。

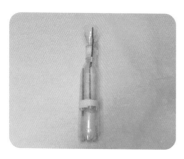

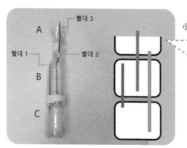

小叮嚀

若瓶蓋不好鑽洞也可以鑽側面，請看照片仔細確認吸管的長度。

3 將4根吸管中的其中2根用絕緣膠帶連結起來變長，另外2根直接使用。

4 在A的瓶蓋和B的底部各鑽兩個洞，連接好吸管2和3之後用熱熔膠黏好就完成了。

5 如果往A倒水，就會透過吸管將C注滿水。

6 如果把寶特瓶倒過來，原本在C的水就會跑到B去，C只剩下一點點水。

7 如果在A倒入比吸管3更高的水，就會開始噴水。噴水結束後可將寶特瓶倒過來，讓C的水跑到B，變成一開始的狀態。

科學遊戲好好玩

古希臘的科學家希羅（Heron of Alexandria ，西元10年左右誕生）對於氣體非常有興趣。在他寫的《氣體力學》中提到氣體占據空間或空氣的移動就是風等內容。希羅還發明了利用蒸氣（水蒸氣）的壓力運轉的自動裝置——汽轉球、蒸汽風琴、只要投錢就會出水的聖水機、自動戲劇院等裝置。

44 空氣大砲

空氣具有重量和體積，會受到壓力而移動。若空氣在寬闊的空間受到壓力而移動時是透過小洞向外跑，空氣的移動就會更快又更強力。

★ 準備材料

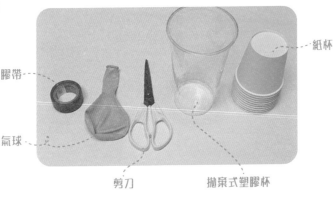

絕緣膠帶

氣球

剪刀

拋棄式塑膠杯

紙杯

所需時間	難易度	實驗危險度	相關單元
30分鐘	★★☆☆☆	★★☆☆☆	三年級上學期〈空氣與風〉單元

活動1　製作空氣大砲

小叮嚀

使用剪刀時請注意不要傷到手。

1 用剪刀在塑膠杯底部剪出一個小洞。若洞口太大，氣體就會緩慢移動，因此請剪小一點。

2 將氣球吹口綁住，並用剪刀剪掉較寬處。

小叮嚀
請盡量將氣球吹口處擺到正中間。

3 將氣球開口套在塑膠杯的杯口處。

4 用絕緣膠帶將氣球纏繞一圈黏緊，以避免氣球鬆脫。

活動2 ## 請尋找性質相似的物品

1 將紙杯堆疊成塔。將空氣大砲的開口朝著紙杯，接著拉動氣球綁住的部分後放開。

2 用空氣大砲試著將紙杯塔擊倒。

小叮嚀
氣球拉得越緊，空氣就會移動得越快。如果想用肉眼確認空氣的移動，可以先利用香火在空氣大砲中填滿煙霧後再發射。

 科學遊戲好好玩

在疏通堵塞的馬桶時也能運用氣體的特性。將堵塞的馬桶靜置一段時間後，原本滿滿的水會逐次退掉一些。這時將馬桶蓋掀起，在馬桶包上一層塑膠袋或保鮮膜，接著再用膠帶緊緊黏住，以防止空氣流出。接著按下沖水把手，水位會比一開始更高，無處可以排出的空氣會讓塑膠袋膨脹，這時只要用力按壓塑膠袋中間部分2～3次，就能輕易地靠空氣壓力疏通馬桶了。

45 用眼睛看見聲音

可獨自進行 ☑
請和朋友同樂 ☐
請由父母陪同 ☐

雖然我們無法用肉眼直接看見聲音，但它是一種透過空氣傳達的波動，因為我們能透過耳朵感受到空氣的振動，所以才聽得見聲音。

★ 準備材料

藍芽喇叭

米粒

拋棄式透明塑膠杯2個

所需時間	難易度	實驗危險度	相關單元
20分鐘	★★☆☆☆	★★☆☆☆	四年級上學期〈聲光世界〉單元

活動1 用手感覺聲音振動

1 在智慧型手機或平板安裝「n-Track Tuner」程式後，連接上藍芽喇叭。

2 將翻過來的塑膠杯套在圓形的藍芽喇叭上。如果沒有圓形藍芽喇叭，也可以直接將塑膠杯放在喇叭上。

● 將手放在杯子上，使用調音器的音叉功能來聽聽看各種音調。

比起高音，人類更能在低音感覺到振動。

若持續暴露在低頻（1～90Hz）的聲音中，可能會對健康造成不良影響，請不要聽太久。

活動2 用眼睛觀察聲音的振動

1 將另一個透明杯放在倒過來的透明杯上，並以膠帶黏好固定。

2 在接上的杯子裡倒入少量的水，聽聽看各種聲音並感覺一下聲音的振動。

3 也將杯子清空，放入米粒、芝麻等物觀察一下。

 科學遊戲好好玩

具有聽覺器官的生物可以聽得見聲音，但根據物種不同能聽見的音域也跟著不同。人類一般能聽見20～20,000Hz、狗能聽見67～45,000Hz、貓能聽見45～64,000Hz的頻率。

能聽到最高聲音的動物是大蠟蛾，據說牠可以聽到高達300,000Hz的頻率。大獵蛾之所以能進化到這種程度，正因為牠的天敵是蝙蝠。蝙蝠會利用高達200,000Hz的超音波飛行並尋找食物，聽不到那以上音頻的飛蛾就會被蝙蝠捕食，而生存下來的個體就能聽到更高的頻率。

46 製作會跳舞的沙

聲音的強度與振動幅度大小有關。振動幅度越大聲音就會越大,幅度越小聲音也越小。

★ 準備材料

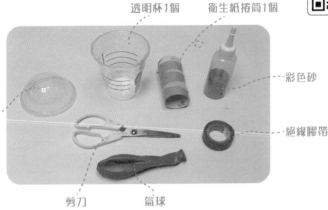

透明杯1個　衛生紙捲筒1個

圓形凸蓋1個

彩色砂

絕緣膠帶

剪刀　氣球

所需時間	難易度	實驗危險度	相關單元
30分鐘	★★★★☆	★★★★☆	四年級上學期〈聲光世界〉單元

活動 用眼睛比較聲音的強度

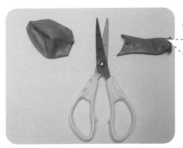

小叮嚀

使用剪刀時,請注意不要傷到手。

1　將拋棄式塑膠杯的其中一側剪出一個衛生紙捲筒直徑大小的洞,插入捲筒後使用膠帶固定。

2　將氣球剪開,以便套到拋棄式塑膠杯上。

3 將塑膠杯和氣球結合，在拋棄式塑膠杯上套上剪開的氣球。

4 蓋上圓形凸蓋後，使用絕緣膠帶固定。

5 將彩色沙撒到氣球上。

小叮嚀

必須使用比普通沙子更輕的彩色沙才能清楚的觀察。雖然沙子也是可以用來觀察聲音高低的實驗材料，但這裡觀察的重點是沙子根據聲音大小的跳動程度。

6 透過衛生紙捲筒發出從小到大不同的聲音，就能觀察到彩色沙跳動的程度。

 科學遊戲好好玩

各位有在武俠電影中看過用聲音將人震飛的場景嗎？真的有辦法能光靠聲音就這樣影響到其它事物嗎？如果在藍芽喇叭前面放上蠟燭並大聲播放音樂，就能看見燭火隨著聲音震動而搖晃的樣子。如果使用更大的低音喇叭（Woofer speaker），燭火有時也會隨著聲音熄滅。聽說這時低音喇叭的聲音強度大約是在100～120dB左右。從145dB起就可能對人體造成永久性的損傷，而超過190dB的那一刻起就已經不再是音波而是衝擊波，可以使人震飛。也就是說，雖然可以用聲音強度將人震飛，但這是絕對禁止的行為。

47 用吸管製作樂器

可獨自進行 ☑
請和朋友同樂 ☐
請由父母陪同 ☐

讓我們來了解物體大小與聲音高低的關係。物體越小越短，振動的頻率就更加頻繁，因此當管樂器的管越短或弦樂器的弦越細越短時，就會發出越高的聲音。

★ 準備材料

有厚度的彩色圖畫紙

膠帶

吸管8根

剪刀

所需時間	難易度	實驗危險度	相關單元
30分鐘	★★★☆☆	★☆☆☆☆	五年級上學期〈聲音與樂器〉單元

活動1 用吸管做出排笛

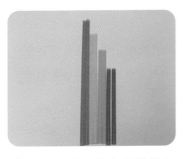

1 將厚厚的吸管每兩根綁在一起，並依照長度剪成〔A（6/6）、B（5/6）、C（4/6）、D（3/6）〕四種長度後依序排列。

2 在靠近高度一致的吹口處（吹入空氣的洞口）用膠帶纏繞固定。

3 將彩色圖畫紙剪成適當的寬度，放在膠帶上包住整個樂器。

小叮嚀

對吸管吹氣時,最好能以輕輕拂過吸管的方式吹氣。

4 對著樂器吹氣,並確認一下根據吸管長度不同吹出的聲音高低。

活動2 根據物體長度不同而發出的聲音高低

吸管長度	聲音高低
最長	
第二長	
第三長	
最短	

● 發出聲音的樂器長度越長,聲音就會變(　　　　),發出聲音的樂器長度越短,聲音就會變(　　　　)。

 科學遊戲好好玩

我們耳朵所聽見的聲音是透過物體振動所產生的。有些科學實驗裝置正是利用了物體振動的原理,讓我們能用眼睛看見聲音,例如對著黏在鏡子上的氣球發射雷射來呈現聲音形狀的裝置、將保麗龍球放入塑膠管來觀察音波形狀的裝置等。

48 水中也能傳遞聲音

可獨自進行 □
請和朋友同樂 ☑
請由父母陪同 ☑

聲音是無法用眼睛看見的振動，因此若有能夠傳遞振動的媒介，就能傳遞至一定距離。

★ 準備材料

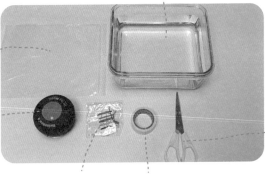

裝有水的水缸
夾鏈袋
藍芽喇叭
棉線　　絕緣膠帶
各種材質的物品

所需時間	難易度	實驗危險度	相關單元
20分鐘	★★☆☆☆	★★☆☆☆	四年級上學期〈聲光世界〉單元

活動1 請聽一聽水缸裡的喇叭聲音

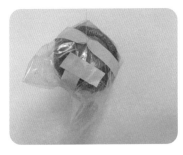

1 將藍芽喇叭放入密封袋中密封後，用棉線綁緊。

2 將密封袋放入水缸裡，接著播放音樂。將音量從小聲開始，慢慢調整至可以聽得見的音量。

小叮嚀

若有空氣跑進密封袋，袋子就會因浮力而浮起，因此請使用棒子壓住。

活動 2  找一找可以傳遞聲音的物品

1　將家裡的各種物品靠在耳朵上，並輕輕用指甲敲打。

 小叮嚀

我們可以確認到各種物質的聲音傳達度都有所不同。若物體很大時，可直接將耳朵貼在物體上面聽。

找到的物體	物體的種類 （固體、液體、氣體）	是否能夠傳遞聲音？

 科學遊戲好好玩

請和朋友一起進行「猜猜熱歌勁曲」的遊戲。

1. 一個人選好歌曲之後，透過放在水缸中的喇叭小聲的播放音樂。

2. 其他人將耳朵貼在水缸上仔細聆聽，猜猜看是哪一首歌曲。

3. 第一個猜中最多歌曲的人就贏了。

尋找最佳練唱室

聲音的反射是指聲音撞擊到物體後返回的現象。就像地面上彈起的球一樣，當聲音撞擊到堅硬的物體就容易反射，撞擊到柔軟的物體時，物體會吸收振動而不容易反射。

★準備材料

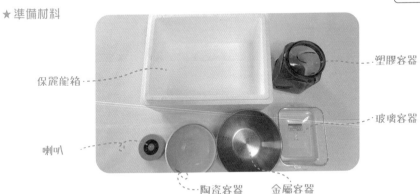

保麗龍箱

喇叭

陶瓷容器　金屬容器

塑膠容器

玻璃容器

所需時間	難易度	實驗危險度	相關單元
15分鐘	★★☆☆☆	★★☆☆☆	四年級上學期〈聲光世界〉單元

活動1　比較聲音的反射

● 將喇叭放在不同的容器並比較響度。

陶瓷容器

金屬容器

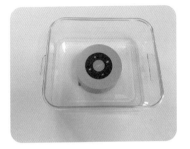

玻璃容器

塑膠容器

保麗龍箱

小叮嚀

若沒有喇叭，也可使用智慧型手機來代替

● 透過喇叭播放相同大小的聲音，放入各個容器中，比較一下聲音的強度。

小叮嚀

使用測量噪音的程式就能準確測量出聲音的大小。

活動2 尋找容易發生聲音反射的場所

● 在家中找找看最容易和不容易發生聲音反射的地方。

容易發生反射的地方：浴室

不容易發生反射的地方：客廳

小叮嚀

如果在容易發生反射的地方唱歌，就會感受到自己的唱歌實力急速上升。

50 阻隔噪音的方法

可獨自進行 ☑
請和朋友同樂 ☐
請由父母陪同 ☑

噪音是指聽了會讓人感到不快的嘈雜聲。根據每個人的嗜好和情況不同，某些人耳中的音樂對某些人來說也可能會是噪音。

★準備材料

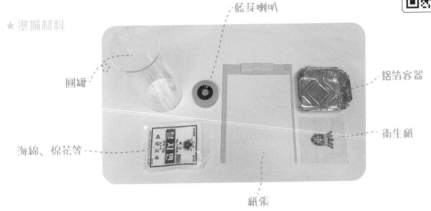

藍芽喇叭

圓罐

海綿、棉花等

鋁箔容器

衛生紙

紙張

所需時間	難易度	實驗危險度	相關單元
20分鐘	★★☆☆☆	★☆☆☆☆	四年級上學期〈聲光世界〉單元

活動1 🧪 尋找我們身邊的噪音

● 找找看我們身邊有哪些聲音會讓人覺得是噪音。

飛機飛行的聲音

在工地施工的聲音

汽車開過的聲音

活動2  想想減少噪音的方法

● 和家人一起觀察聲音的特性，並想想看有沒有什麼可以減少噪音產生的方法、阻隔既有噪音的方法等。

● 在圓罐內放入藍芽喇叭，運用想到的方式來減低噪音，並實際測量聲音的大小。

用衛生紙蓋住圓罐

用棉花蓋住圓罐

用金屬片蓋住圓罐

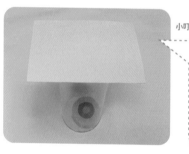

用紙張蓋住圓罐

小叮嚀

為了減少噪音，必須先了解聲音的特性。
聲音的特性1：聲音是從物體的振動中產生的。
聲音的特性2：聲音的振動必須要有可以幫忙傳遞的媒介才能傳遞出去。
聲音的特性3：當聲音遇到堅硬的表面時就會反射增幅，遇到柔軟的表面時就會被吸收而減弱。

 科學遊戲好好玩

雖然噪音是指讓我們感到不快的聲音，但其實也有好的噪音，那就是最近廣為人知的ASMR中常用的**白噪音**。白噪音就像是擁有多色光的白光一般具有廣闊的音幅而得其名。

在我們身邊可以找到的白噪音有森林裡的瀑布聲、下雨聲、溪流聲、安靜的咖啡店聲音等。這種白噪音會大大增加人腦中的 α(Alpha)波和 θ(Theta)波，可提升聽者的專注力和舒適度。

☆ 最喜歡的實驗是哪一個？

_____

_____

☆ 為什麼會喜歡這個實驗？

_____

_____

☆ 這個實驗的原理是什麼？

_____

_____

☆ 其他心得

_____

_____

_____

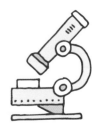

【小學生的腦科學漫畫】

人類探索研究小隊 01：
為什麼我們那麼在意外表？

我們每個人都是外貌協會？
剖析大腦，認識有趣的心理科學！

警告！外星人入侵地球！
想要征服地球、理解地球人的話，
首先必須瞭解他們的大腦！

【小學生的腦科學漫畫】

人類探索研究小隊 02：
為什麼我們常常記不住？

我們都有健忘症？
剖析大腦，認識有趣的心理科學！

警告！外星人入侵地球！
想要征服地球、理解地球人的話，
首先必須瞭解他們的大腦！

【小學生的腦科學漫畫】

人類探索研究小隊 03：
為什麼人有這麼多情緒？

我們的情緒就像雲霄飛車？
剖析大腦，認識有趣的心理科學！

警告！外星人入侵地球！
想要征服地球、理解地球人的話，
首先必須瞭解他們的大腦！

科學小偵探 1：神祕島的謎團

科學知識 ✕ 邏輯推理 ✕ 迷宮逃脫 ✕ 燒腦謎語
三位科學小偵探即將前往神祕島，迎接未知挑戰，
一場緊湊刺激的腦力大激盪即將展開！

科學小偵探 2：勇闖科學樂園

科普知識滿點！讓孩子一讀再讀的新奇科學橋梁
書 第二彈！
科學小偵探再度出擊！
密室逃脫不稀奇，逃出科學樂園才是大挑戰！

【玩・做・學 STEAM 創客教室】
自己做機器人圖解實作書：
5 大類用途 ✕ 20 種機器人，從零開始成為
機器人創客

符合 108 課綱核心素養
科學 ✕ 科技 ✕ 工程 ✕ 藝術 ✕ 數學
做中玩，玩中學
培養創意思維、科學探索、邏輯思考
掌握關鍵能力，成為小小創客！

科學館 003

比 youtube 更有趣的兒童科學實驗遊戲

유튜브보다 더 재미있는 과학 시리즈 03：어린이 과학 실험

作　　　　者	沈峻俌（심준보）、韓到潤（한도윤）、金善王（김선왕）、閔弘基（민홍기）
譯　　　　者	賴毓棻
責 任 編 輯	李愛芳
封 面 設 計	黃淑雅
內 頁 排 版	陳姿廷

出 版 發 行	采實文化事業股份有限公司
童 書 行 銷	張惠屏・侯宜廷・林佩琪
業 務 發 行	張世明・林踏欣・林坤蓉・王貞玉
國 際 版 權	鄒欣穎・施維真・王盈潔
印 務 採 購	曾玉霞・謝素琴
會 計 行 政	李韶婉・許俶瑀・張婕莛
法 律 顧 問	第一國際法律事務所　余淑杏律師
電 子 信 箱	acme@acmebook.com.tw
采 實 官 網	www.acmebook.com.tw
采實文化粉絲團	www.facebook.com/acmebook01
采實童書粉絲團	www.facebook.com/acmestory

I　S　B　N	978-626-349-154-0
定　　　　價	340元
初 版 一 刷	2023年3月
劃 撥 帳 號	50148859
劃 撥 戶 名	采實文化事業股份有限公司
	104 臺北市中山區南京東路二段95號9樓
	電話：02-2511-9798　傳真：02-2571-3298

線上讀者回函

立即掃描 QR Code 或輸入下方網址，連結
采實文化線上讀者回函，未來會不定期寄
送書訊、活動消息，並有機會免費參加抽
獎活動。

https://bit.ly/37oKZEa

國家圖書館出版品預行編目資料

比 youtube 更有趣的兒童科學實驗遊戲 / 沈峻俌,
韓到潤, 金善王, 閔弘基作; 賴毓棻譯. -- 初版. --
臺北市:采實文化事業股份有限公司, 2023.03
　　面；　公分. -- (科學館 ; 003)
譯自：유튜브보다 더 재미있는 과학 시리즈 . 3 : 어
린이 과학 실험
ISBN 978-626-349-154-0(平裝)

1.CST: 科學實驗 2.CST: 通俗作品

303.4　　　　　　　　　　　　111022249